科技前沿

领导干部必修课

薛其坤／杨　杰／贾　康／邬贺铨／徐晓兰　著
李礼辉／喻国明／刘庆峰／周　涛

人民日报出版社
北京

图书在版编目（CIP）数据

科技前沿：领导干部必修课 / 薛其坤等著 . — 北京：人民日报出版社，
2020.12

ISBN 978-7-5115-6571-6

Ⅰ . ①科…　Ⅱ . ①薛…　Ⅲ . ①科学技术－干部教育－学习参考资料
Ⅳ . ① N49

中国版本图书馆 CIP 数据核字（2020）第 184558 号

书　　名：科技前沿：领导干部必修课
　　　　　KEJI QIANYAN：LINGDAO GANBU BIXIUKE
著　　者：薛其坤　杨　杰　贾　康　邬贺铨　徐晓兰　李礼辉
　　　　　喻国明　刘庆峰　周　涛

出 版 人：刘华新
责任编辑：葛　倩　蒋菊平　梁雪云
版式设计：九章文化

出版发行：人民日报出版社
社　　址：北京金台西路 2 号
邮政编码：100733
发行热线：(010) 65369527　65369846　65369509　65369510
邮购热线：(010) 65369530　65363527
编辑热线：(010) 65363486　65369526　65369528
网　　址：www.peopledailypress.com
经　　销：新华书店
印　　刷：大厂回族自治县彩虹印刷有限公司
法律顾问：北京科宇律师事务所　010-83622312

开　　本：710mm×1000mm　1/16
字　　数：187 千字
印　　张：15.75
版　　次：2020 年 12 月第 1 版　　2020 年 12 月第 1 次印刷

书　　号：ISBN 978-7-5115-6571-6
定　　价：48.00 元

CONTENTS

·目录·

邬贺铨

徐晓兰

第六讲 从区块链技术架构到数字经济国家战略 123

李礼辉

第七讲 融媒体发展的战略逻辑与操作路线 153

喻国明

第八讲 顶天立地，人工智能迎来"黄金新十年" 187

刘庆峰

周 涛

第九讲 大数据创新实践与生态建设 221

薛其坤

清华大学副校长、中国科学院院士

第一讲

以创新精神探寻量子世界奥秘

近年来，量子科技发展突飞猛进，第一次量子技术革命，是从认识量子世界、发现量子效应到发展量子技术应用。信息时代的关键核心技术，如晶体管、激光、硬盘、GPS 等是第一代量子技术的一些例子。目前我们已经进入第二次量子技术革命时代，是通过主动人工设计和操控量子态发展量子技术和应用。量子科技发展具有重大科学意义和战略价值，是一项对传统技术体系产生冲击、进行重构的重大颠覆性技术创新，将引领新一轮科技革命和产业变革方向。有可能是新一轮科技革命和产业变革的前奏。加快发展量子科技，对促进高质量发展、保障国家安全具有非常重要的作用。本文主要从如下三个层次展开论述。首先，介绍一下量子世界的基本概念和我们研究量子世界所需要的一些基本工具；第二，向大家展示一下量子世界的神奇和微妙；第三，是一些感想和简单的展望。

一、量子世界的基本概念

我们对每天生活的宏观世界都非常了解。描述宏观世界运动规律的物理学分支就是牛顿力学，即牛顿三大定律，其中最重要的是牛顿运动方程 $F=ma$。F 是宏观物体受到的力，m 是它的质量，a 是它的加速度，加速度可以写成宏观物体在某一个时刻的位置 x 对时间的二阶导数，这是非常简单的微分方程。如果我知道了这个宏观物体在任何时刻受到的力 F，通过对简单的微分方程进行积分，就可以得到宏观物体在任何时刻的位置。比如 $T=0$ 的时刻，一个宏观物体在北京，过一段时间我们来到上海，知道了力的情况，我们就能把每一个时刻这个宏观物体所处位置精确地确定下来。火箭、航天飞机的运动能被精确地控制，主要利用的就是这个运动方程。这个规律告诉我们，从出发点北京到达上海，其运动的轨迹一定是连续的，因为每一个时刻的位置我们都是知道的。

在经典世界还有一个电磁学的经典规律，就是欧姆定律。按照欧姆定律，一根导线中通过的电流与加在导线两端的电压 V 成正比，与导线电阻成反比。这个电阻会导致导线发热，发热的热量 Q 等于电流的平方乘以电阻和用的时间 T。导线电阻越大，消耗能量就越多，所以我们一般会选择比较便宜且导电性能比较好的铜做电线。金导电性能很好，电阻非常小，但是金很贵。

到了量子世界，这两个规律就不适用了，其物理量比如说前文我提到的位置不再是连续的变量。比如，电子围绕原子核的轨道就不再是连续的，而是一个一个半径大小不一样的圆。这就像在微观世界，从北京到上海，"电子人"只能出现在济南、南京、上海，不能出现在从北京到济南再到南京的任何一个地方。那这个"电子人"怎么到达上海？通过空间的穿越。这时候牛顿运动方程不再起作用，而是波动方程起作用。

1900 年，普朗克在研究黑体辐射时提出了"量子"概念。"量子"不是通常意义上的一种物质粒子，而是描述微观粒子状态的一个抽象概念。经过爱因斯坦、玻尔、薛定谔、狄拉克、海森堡等物理学家的开创性工作，在 20 世纪 20 年代末，20 世纪三大科学发现之一的量子力学作为一门系统的科学理论正式建立。建立量子力学的物理学家们共收获了四次诺贝尔奖。大家可能熟悉，相对论是科学大师爱因斯坦提出的。他在 1921 年的时候获得了诺贝尔物理学奖，但这个奖不是奖励他在相对论方面的贡献，而是奖励他解释了光电效应。光电效应是一个与大家熟知的太阳能电池等相关的物理现象。爱因斯坦在解释这个效应时首次提出光是量子化的，最小的单元就是一个光子，光波的能量因此是分离的。在量子的微观世界里，很多物理量和操作器件用的参数都和经典世界不一样，会出现一系列奇妙甚至诡异的现象。

比如电子穿墙术。电子的流动不再遵守欧姆定律，这就像我变成一个微观电子，会穿过铜墙铁壁到外面去却毫发无损，在量子力学上我们称之为电子的量子隧穿现象。这些神奇现象还包括我获得未来科学大奖的内容之一，即量子反常霍尔效应，以及超导、超流，等等。超流不遵守一般的流体运动规律，它没有黏附力。如果用超流的液氦做一个游泳池，我在里面永远不能移动。当然我可以摆手，但是我的质心、我的位置永远停在某个地方，因为没有摩擦力。如果放一个圆盘让它转起来，在超流液氦里它会永远不停地转下去。

二、研究量子世界的"金刚钻"

人们已经用奇异的量子现象做出了强大的实验工具。1981年，瑞士IBM苏黎世研究实验室的两名科学家格尔德·宾宁和海因里希·罗雷尔，利用电子量子隧穿效应发明了扫描隧道显微镜（STM），5年之后的1986年他们获得了诺贝尔物理学奖。这个扫描隧道显微镜给我们提供了观察微观世界最明亮的眼睛，我们可以看到原子。中国有句古话，想揽瓷器活，必须有金刚钻。微观世界很小，大部分情形看不见、摸不着，你想研究微观的量子世界，必须有合适的工具，扫描隧道显微镜就是这样一个工具，它依据的原理就是非常诡异的电子穿墙术。

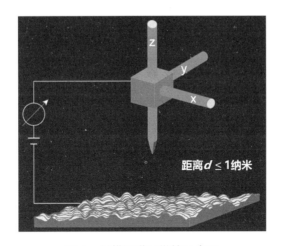

距离 d ≤ 1纳米

图 1　扫描隧道显微镜示意图

　　图 1 是扫描隧道显微镜的示意图。上面有一个探针，是导电的，下面是研究物体，也是导电的。我把探针和研究物体连起来加上一个电压，如果探针前端和研究物体不接触，即断路的情况下，就没有电子的流动。但如果探针最前端到研究物体表面的距离缩小到 1 纳米或以下时，电子就会穿越真空（断掉的空间相当于铜墙铁壁）到达下面的研究物体。电子开始有流动了，而且电流与针尖和研究物体之间的距离成指数关系——距离每变化 0.1 纳米，电流会变化一个量级以上。当探针在物体表面上扫描时，如果这个地方缺一个原子，探针和研究物体表面的距离就会变大一点点，电流马上戏剧性地降低；如果扫描的那个地方多一个原子，探针和研究物体表面的距离会变小一点点，电流会增加很多。根据电流的变化，我们就可以精确地探测到物体表面微小的起伏变化。

　　扫描隧道显微镜利用的就是电子穿墙术这一非常神奇的量子现象。我们用这个仪器可以看到物体表面上的一个个原子，知道它们是怎么排列的。我们还可以把原子像建房子的砖头一样随意地摆来摆去。1989年，美国 IBM 的 Donald Eigler 博士用 35 个氙原子拼出了"I、B、M"三个字母（最小的字符），还用 48 个铁原子拼出了非常漂亮的圆。STM 是开创纳米时代非常重要的科学和技术研究工具，也是我的主要实验工具之一。

信息技术高速发展到今天，最根本的基础之一就是材料。只有做出高质量的半导体材料，我们才能在量子世界有所作为。如果材料不可控，我们的研究就会变得不可控，电子器件的性能也会变得不可控。半导体材料到底多纯才算纯？ 99%？ 99.9999%？在量子世界，我们追求材料的纯度是无止境的。这是 1998 年的一个数据，说明了集成电路用到的硅材料，其导电性随着它杂质浓度变化的情况。

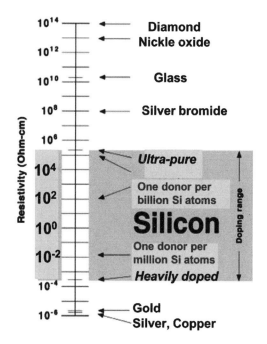

图 2　Queisser and Haller, Science 1998

每十亿个硅原子一个杂质，电阻由 10^5 to 10^2 Ω·cm，3000 倍的电阻变化

10 亿个硅原子排列成晶体，如果中间不小心有一个杂质，相对于绝缘的硅，其电阻会变化三个量级，达到 3000 倍的变化。这要求我们研究量子世界时对材料的控制要达到非常高的精度，这需要非常强大的制备量子材料、探索量子世界的实验工具。这方面我非常熟悉的工具之一就是分子束外延技术（MBE）。MBE 是 20 世纪 70 年代由出生于北京的华人物理学家卓以和先生和他的同事 J.Arthur 先生在美国贝尔实验室发明的。我在写一篇科普文章时曾引用过战国辞赋家宋玉的一句话："增之一分则太长，减之一分则太短，著粉则太白，施朱则太赤。"量子世界多一个原子嫌多，少一个原子嫌少。用分子束外延技术可以在量子世界大有作为，我们可以做出最高质量的薄膜样品，做到化学成分的严格可控。

我从 1992 年开始学习扫描隧道显微镜和分子束外延技术，20 多年来一直在这个领域里学习、探索并有所发展，后来我还学习了使用另一个强大的工具——角分辨光电子能谱 (ARPES)。把这三种非常顶尖的技术在超高真空里结合，就有了超高真空 MBE-STM-ARPES 联合系统这一更强大的武器，我们研究量子世界时便有了金刚钻。利用分子束外延技术，我们对研究的材料样品达到了原子水平的控制。我们还知道它是否达到了我们想要的结果，因为有最明亮的眼睛——扫描隧道显微镜，而且材料的宏观性质可以用角分辨光电子能谱进行测量、判断。

三、量子霍尔效应的概念

有了强大的武器，作为一个科学家你要做什么呢？我希望用最强大的武器攻克最难的科学问题。2005 年，我选择了凝聚态物理中非常重要的两个方向，即拓扑绝缘体和高温超导。

让我们回顾一下过去。1879 年，美国物理学家霍尔发现了霍尔效应，就是在磁场下，材料的霍尔电阻随着磁场变大会线性增加的效应。你加的磁场越大，电阻会越大，这叫霍尔效应，它是外加磁场造成的。如果把这个材料换成一个磁性材料，材料本身的磁场也会产生霍尔效应，因为它不需要外加磁场，原理不一样，这叫反常霍尔效应。这是霍尔在一年多时间里发现的两个重要现象。1980 年，德国物理学家冯·克利青在研究集成电路硅器件时发现了整数量子霍尔效应，这个效应再次展现了量子世界的奇特。

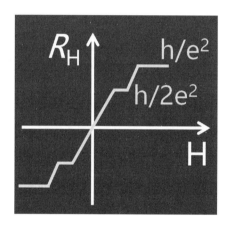

图 3　整数量子霍尔效应示意图

如图 3 所示，刚开始整数量子霍尔效应和霍尔效应一样，是线性变化，磁场越大，霍尔电阻越大。但是，当磁场达到一个值的时候出现了一个平台，在这个平台上，霍尔电阻随磁场不发生任何变化。霍尔效应不是一个经典、正确的真理吗？怎么在这个平台上电阻不发生变化了呢？这就是量子世界的奇特之处。更加奇特的是，这个平台对应的霍尔电阻的值，是一个物理学常数（即普朗克常数除以电子电荷的平方）乘以一个正整数。这太奇怪了，为什么呢？每换一个材料，它的所有性质就会发生变化，比如电阻、比热、比重、硬度等都会发生变化。但在这个平台上，霍尔电阻只与物理学常数和正整数有关，换任何一个材料其大小都完全一样。这说明该现象背后一定对应着一个非常广泛和普适的规律，跟材料没有关系。你能举出任何一个性质跟材料没有关系的例子吗？它在这里出现了。德国科学家冯·克利青因为整数量子霍尔效应的发现获得了 1985 年的诺贝尔物理学奖。包括华人物理学家崔琦先生在内的三位美国物理学家因为发现分数量子霍尔效应获得了 1998 年的诺贝尔物理学奖。英国科学家安德烈·海姆和康斯坦丁·诺沃肖洛夫因为在 2005 年发现了石墨烯中的半整数量子霍尔效应，获得了 2010 年的诺贝尔物理学奖。

量子霍尔效应涉及一个基本的参量——物理量，就是磁场，只有加磁场才会出现这个平台，出现量子霍尔效应。这个磁场非常大，要 10 个特斯拉左右。产生这个磁场所需的仪器比人还高，造价几百万人民币，所以要达到量子霍尔态需要非常昂贵的仪器。前面我讲的是霍尔电阻出现了量子化，但是欧姆电阻在量子霍尔态下等于零。欧姆电阻会造成器件发热，如果处在量子霍尔态时欧姆电阻变成零的话，这不是开创了一个发展低能耗器件、发展未来信息技术非常好的方向吗？但是，昂贵的强磁场仪器使其很难投入实际应用。

你自然会问，前文提到了反常霍尔效应，它不需要外磁场，材料本身的磁场就能造成霍尔效应，能不能实现反常霍尔效应的量子化？2013 年，我们清华大学的团队与中国科学院物理研究所以及斯坦福大学张首晟教授合作，一起在反常霍尔效应的量子化上做出了重大的实验发现，证实了量子反常霍尔效应。

四、量子反常霍尔效应与超导现象

我们回想一下，在发现霍尔效应的 19 世纪末，我国正处在半殖民地半封建社会，基本上没有现代的科学研究。在发现量子霍尔效应的 20 世纪 80 年代，我国开始了改革开放，但那时我们在高级实验技术方面还比较缺乏，没能赶上量子霍尔效应研究的大潮。2013 年，我国经过 30 多年的改革开放，再加上国家对科学的重视以及对科学技术投入的增大，我们才有了科学利器做出这样的成果。

2016 年的诺贝尔物理学奖，授予了在 1983 年提出拓扑相变和拓扑物态理论的三位科学家。在 10 月 4 日诺贝尔评奖委员会的详细介绍中，把量子反常霍尔效应作为拓扑物质相最重要的发现写进去了。虽然量子反常霍尔效应不是沿着当时的理论框架做出来的，但这次它作为最重要的拓扑物质相或者拓扑物质态被写在上面，说明我们的实验工作已经达到这个水平，也可以说我们的实验发现大大地推动了理论科学家拿到诺贝尔奖。

2005 年，我的实验室已经有了非常好的技术条件，这时候，华人物理学家张首晟和其他美国物理学家直接把拓扑物质相的材料实现方法，在 20 世纪 80 年代的工作基础上，通过另一个途径提出来了。他们从理论上发现了拓扑绝缘体以及磁性拓扑绝缘体。什么是拓扑绝缘体？拓扑绝缘体也是一种很神奇的量子现象，它就像一个陶瓷碗上镀了一层非常薄（大概 1 纳米厚）的导电金膜。有意思的是，这个金膜你弄不掉。你把这层金膜用刀刮掉，它马上会自发地产生新的金膜。你把它打成碎片也没用，它还是存在。除非把这个材料彻底分解变成原子，否则这一层金膜会永远像鬼一样附在陶瓷碗表面。磁性拓扑绝缘体则更神奇，通过在材料中引入磁性，会自动去掉陶瓷碗大部分的金膜，只剩下边缘部分，但边缘上的金膜也是去不掉的。

人有很多机遇，有好朋友非常重要。2005 年这一理论提出时，我们并没有特别关注。2008 年我们进入这个领域，是因为意识到它非常适合我们的分子束外延技术。我们有好的实验技术和 20 多年的积累，因此很快做出了成果。我的好朋友张富春教授在 2009 年 6 月组织了新前沿科学方向的拓扑绝缘体论坛，邀请我去介绍我们的初步结果。正好张首晟也在这个会议上——他一直在寻找合适的实验合作者。因为这次会议，我们两个人在理论和实验上建立了密切的合作，最后成功证实了量子反常霍尔效应。

2008 年，我们建立了精确控制化合物拓扑绝缘体化学组分的分子束外延生长动力学；2009—2010 年，我们证明拓扑绝缘体表面态（即前文讲到的那层金膜）受时间反演对称性保护和具有无质量狄拉克费米子特性；2011—2012 年，我们制备出前文谈到的磁性拓扑绝缘体；2012 年 10 月，我们发现量子反常霍尔效应，12 月完成所有实验，2013 年 4 月发表相关成果。

量子反常霍尔效应最大的挑战是要制备出有磁性的、有拓扑性质的、绝缘的薄膜，而这三种性质对薄膜厚度的要求既相互关联，又无法用函数准确描述，显得不可测，导致我们不知道薄膜该多厚。这就好比要求一个人既像博尔特跑得那么快，同时还要非常有力量并拥有体操运动员的技巧。

此外，还有其他挑战。我们为了进行量子反常霍尔效应的测量（用宏观电子设备进行测量），需要在 1 厘米见方的物体上生长 5 纳米厚且非常均匀的薄膜。这首先是个技术活、工匠活，它相当于做一张 200 公里见方的 A4 纸。我们把 A4 纸做得很均匀没问题，甚至把 A4 纸做得像房间这么大并且很均匀，也没问题。但是做出像北京市这么大面积的 A4 纸，而且门头沟区和朝阳区的厚度完全一样，这就不容易了。我们用分子束外延技术克服了一系列挑战，做出了这个材料。

由于一系列的挑战，即便我们起点非常高，仍然花了四年多时间才证实了量子反常霍尔效应。从 2010 年到 2011 年，一年之内霍尔电阻几乎是零，样品全部是导电的。我们要实现的量子化霍尔电阻是 h 除以 e^2，它对应的电阻值是 25812 欧姆。功夫不负有心人，由于我们的坚持，2012 年 10 月 12 日那天转机出现了。那一天因为实验没有进展，我情绪不好，提早回家了。22 点 35 分，我刚停下车，学生的短信就来了："薛老师，量子反常霍尔效应出来了，等待详细测量。"郁闷一下子消失得一干二净，我兴奋得一晚上没有睡着觉。当时测量的温度是 1.5K，后来我找到以前在中国科学院物理所工作时的同事吕力老师，他有温度低到几十毫 K 的仪器。把我们的材料放到这个仪器里测量，两个月之后实现了量子化。我当时比较有信心，知道某一天会实现目标，就提前买了瓶非常好的香槟酒。那天，所有实验完成后，团队所有成员一起照了张相。学生们虽然用的是纸杯，但里面装的是 Dom Perignon——最好的香槟。

量子反常霍尔效应是不需要外加磁场的量子霍尔效应，它提供了一个不需要外加磁场的欧姆电阻等于零的信息高速公路。我们平常的电子器件，像晶体管，如果变得非常小，那里的电子就会像交通拥挤路口的汽车一样。处在量子反常霍尔效应里的电子，则会像高速公路上的汽车一样按照自己的轨道勇往直前，不走回头路，所以，量子反常霍尔效应为未来信息技术的发展提供了全新的原理，我们可以据此造出低能耗的量子器件，还可以用它和超导一起做量子计算。

超导现象也是非常奇特的量子现象，1911 年由荷兰科学家海克·昂内斯发现，两年后他因这个重大发现获得了诺贝尔物理学奖。大部分材料降温的时候电阻会一直下降，但绝大部分材料即使降到绝对零度，依旧剩有一点电阻。某些材料降到某个特定的温度（转变温度）时，电阻会变成零，这就是超级导电即超导。在这里，欧姆定律不适用了，而且它有完全的抗磁性。如果我们用超导体做一个圆环，通上电，一直使它处于超导态，这个电流会永远地流下去。因为电阻等于零，按照欧姆定律，产生的热量也等于零，发热的问题就解决了。

如果在室温下实现了超导，意味着电子器件一旦供上电就几乎永远不用管它。室温下的超导将和电的发明一样重要。科幻电影《阿凡达》里的高山实际上就是室温下的超导体，所以它可以浮起来。导线没有电阻了，所有的电子器件和输电线路，都会大大地降低能耗。对超导领域的研究曾 5 次获得诺贝尔奖，分别是 1913 年、1972 年、1973 年、1987 年和 2003 年。

超导研究总体的路径，就是怎么提高材料达到超导状态的温度。大部分材料达到超导状态，需要非常低的温度，一般是液氦温度（4K）以下。如果材料工作在液氦温度，制冷要耗费非常大的能量。77K 是一个非常重要的温度点，它是液氮沸腾温度。现在我们已经找到了 77K 温度下可以实现超导状态的材料，把材料泡到液氮里，就能实现综合的应用。液氮很便宜，每升 4 块钱，相当于两瓶矿泉水，这就有经济价值了。如果还是只能用液氦，液氦每升 100 块钱，一般仪器每天要用 10 升，那就是 1000 块钱，相当于你的仪器每两天喝一瓶茅台，这就用不起了。提高超导转变的温度，是超导专家梦寐以求的目标。1986 年，瑞士苏黎世 IBM 研究实验室的德国物理学家柏诺兹与瑞士物理学家缪勒发现了超过 77K 温度的高温超导现象，赢得了第二年（1987 年）的诺贝尔物理学奖。但是，高温超导现象的科学机理是什么？30 多年过去了，该领域成千上万的物理学家提出了很多理论、模型和想法，大部分非常有意思，但是互相矛盾，这个问题到现在还没解决。

2008 年的时候，我刚刚了解一点高温超导。忽然有一天，我产生了一个想法，能不能用中国鱼与熊掌兼得的策略，解释 77K 温度下的超导现象？但是我不确定，因为我对高温超导了解得不多。我邀请了两个好朋友，北京大学的谢心澄老师和当时在香港大学工作的张富春老师，并选择 6 月 6 日这个比较吉利的日子向他们汇报我的想法。当时报告的封面写着"Joke or Breakthrough"——究竟这是个可能出现的突破，还是一个笑话？听完后，他们说想法可能很好，但没有实验证据没人相信，因为这个想法有些离奇。后来我们又花了四年时间，2012 年在《中国物理快报》发表了鱼与熊掌兼得的成果：在 $SrTiO3$ 衬底上成功生长出了 FeSe 薄膜，并在单层 FeSe 薄膜中发现可能存在接近液氮温度（77K）的超导转变迹象。我们制备出的材料质量非常高，而且有一个非常大的超导能隙。后来的很多实验都表明，这是 1986 年发现 77K 以上的铜酸盐氧化物后又一个高温超导物质。虽然还需要进一步证实，但我们确实开创了一个新的前沿。

五、生命不息、想象不止、追求无涯

量子反常霍尔效应和高温超导这两个成果的获得，我有以下几点体会：第一，要有高超的、甚至炉火纯青的实验技能；第二，作为优秀的物理学家，要有优秀的学术前沿把握能力，率领团队进行攻关；第三，刻苦的工作作风；第四，因为牵扯到不同的测量，你需要拥有优良的团队精神；最后，要想做更重要的追求科学皇冠上明珠的科学家，你要有敢于创新的魄力和勇气。虽然我当时挑战权威的理论想法最后没有完全被证实，但是，敢于从现有的知识范围内产生一些完全创新的思想，还是要有点勇气的。否则，你可能被大腕们打下去，然后精神就起不来了。当然，这要建立在前面四项的基础上，没有功底和水平，光有勇气，这不是胆大妄为就是无知无畏。

我用本文跟大家展示了量子世界是多么奇妙，以及它对我们未来的技术与国家的经济发展将起到的重要作用。最后我做一下展望：量子世界一定还存在许多未知的奇妙现象，这些奇妙甚至诡异的现象可能远远超出我们的想象力。但是，只要我们敢于想象、乐于好奇、善于挖掘，也许若干年后它们就会华丽转身，出现在灯火阑珊处，甚至会造福于我们，使我们的技术产生变革，使我们国家的科技变得更加强大，甚至使人类的生活变得更加美好。所以，我们生命不息、想象不止、追求无涯！

杨 杰

中国移动通信集团有限公司党组书记、董事长

第二讲

着力发挥数据要素基础性和战略性作用

习近平总书记高度重视数据要素在促进经济社会高质量发展中的作用。2017 年 12 月，习近平总书记在主持十九届中共中央政治局第二次集体学习时就指出：数据是新的生产要素，是基础性资源和战略性资源，也是重要生产力。2019 年 10 月，党的十九届四中全会通过的《中共中央关于坚持和完善中国特色社会主义制度 推进国家治理体系和治理能力现代化若干重大问题的决定》中明确指出"健全劳动、资本、土地、知识、技术、管理、数据等生产要素由市场评价贡献、按贡献决定报酬的机制"，首次将数据增列为生产要素。2020 年 4 月，中共中央、国务院发布《关于构建更加完善的要素市场化配置体制机制的意见》，明确将数据与土地、劳动力、资本、技术并列为五大核心要素。

随着我国经济从高速增长阶段迈入高质量发展阶段，以数据为关键要素的数字经济正在成为引领高质量发展的核心引擎。开展数据要素引入后的经济增长理论研究，解决制约数据要素市场发展的关键问题，对于充分发挥数据在经济、社会、民生领域的创新引擎作用具有重要指导意义。

一、推动经济社会发展的关键生产要素演进历程

马克思主义唯物史观认为，生产力发展是人类社会发展的决定力量。纵观人类历史，每一次重大科技革命和产业变革都会催生新的生产要素、商业形态和经济范式，继而带动生产力的跃升，引发国际经济格局的重大变化；与此同时，也会通过探索经济持续增长的规律和驱动增长的关键生产要素，充分揭示生产力发展的内在逻辑和实践路径，指导人类社会不断突破增长瓶颈，持续向前发展。

农业经济时代，土地和劳动是最重要的生产要素。第一次工业革命

前，人类社会处于漫长的农业经济时代，农耕模式是最主要的生产方式，经济增长的关键在于土地的扩张和人口的繁衍。正如英国经济学家威廉·配第所言："土地为财富之母，而劳动则为财富之父和能动的要素。"在农业时代，人类生存能力虽增强了，但由于科技创新缓慢，农耕模式难以支撑人类社会的持续增长，经济发展长期处于停滞状态，存在难以逾越的"天花板"。在漫长的 1700 多年间，世界 GDP 总量从公元元年的 456 亿美元增长到 3664.6 亿美元，仅增长了 7.04 倍。

第一次工业革命时期，劳动和资本是推动经济增长的关键生产要素。18 世纪末，蒸汽机、纺纱机等的发明，促使大量劳动和资本投入工业领域，加速了生产方式从工场手工业向机器大工业的跃升，推动了以机械化生产为特征的工厂组织模式和城市经济形态的诞生。在不到 100 年的工业革命进程中，全球经济总量较农业时代实现翻倍增长，世界人口总数达到 10 亿规模。在这一时期，英国作为这次工业革命的引领者，凭借其资本的原始积累快速崛起，逐渐成为超级强国，其棉织品、钢铁、煤等工业产品产量最高曾约占全球 50%，铁路里程高居世界首位，对外贸易额约占全球 40%。从这一现实出发，以亚当·斯密、李嘉图、马尔萨斯为代表的古典经济学家认为劳动分工和有形资本积累是驱动经济增长的关键所在。

第二次工业革命时期，外生的技术进步是决定经济长期增长的关键生产要素。19 世纪中后期，电气化技术取得重大突破并广泛应用于工业生产，极大推动了社会生产力的发展，催生以大规模流水线为代表的新型生产方式，同时由于生产和资本高度集中，在流通、生产等重要领域产生了垄断组织。到 20 世纪初，全球经济总量较第一次工业革命末期提升近 5 倍，世界人口总数突破 20 亿。在这一时期，德国抓住机遇实现了快速发展，成为新的超级强国。20 世纪初，德国的国民生产总值、钢铁产量、煤产量、铁路里程等均超过英国。1870—1913 年，德国对外贸易额增长了 180%，而同期的英国仅增长了 89%。基于社会发展实践，马克思从宏观视角指出："社会劳动生产力，首先是科学的力量。"创新经济学的奠基人熊彼特指出，经济发展的实质是在市场中不断引入以技术为基础的创新。在前人基础之上，新古典经济学家索洛首次将技术纳入增长框架模型，构建了经济产出 Y 与劳动 L、资本 K、外生技术 A 三大要素之间的函数关系，即 $Y = A \times F（L，K）$。鉴于索洛模型将技术进步视为外生给定，而未阐释技术的形成和作用机理，因此在这一阶段，外生的技术进步被认为是决定经济增长的关键生产要素。

第三次工业革命时期，内生化的技术知识是推动经济持续增长的关键。20 世纪中叶，计算机和通信等科学技术不断进步，在推动生产力的发展方面发挥了越来越重要的作用，加速了经济、贸易和产业分工的日益全球化，促进大型跨国集团逐渐成为经济发展的主要力量。随着全球化带来的知识技术融合创新全面加速，截至 2000 年，全球经济总量较第二次工业革命末期提升数十倍，世界人口总数突破 60 亿。在这一阶段，美国大力发展计算机和通信等科学技术，逐步占据世界领先地位。1948 年，美国国内生产总值全球占比为 50%，对外贸易额全球占比为 25%，并维持了长达数十年的以其为中心的全球经济发展格局。面对经济社会高速发展，罗默、卢卡斯等新经济增长理论学者在索洛模型的基础上，进一步阐释了技术的形成和作用机理，强调学习教育、研发投入等能够增加知识积累，而知识积累又将促进技术进步，进而驱动持续增长。这一阶段形成的增长理论被称为新经济增长理论，认为内生的技术进步是驱动经济持续增长的决定因素。由于该理论将知识技术内化到增长模型中，因此又被称为内生增长理论。

当前，以新一代信息技术为标志的第四次工业革命方兴未艾，数据成为驱动经济社会发展的关键生产要素。以物联网、大数据、云计算、人工智能等为代表的新一代信息技术蓬勃发展，经济社会发展进程呈现数字化、网络化、智能化的新特征。其中，数字化本质是将文字、图片、图像、信号等以数据形式进行收集、聚合、处理和应用，而以云计算为代表的算法、算力将在数字化转型中发挥重要作用；网络化本质是万物互联，通过人与人、物与物、人与物之间无处不在的连接，促进数据的汇聚流通，迅速扩大数字世界的疆域和纵深；智能化本质是具备感知、记忆思维、学习自适应、行为决策等类脑智能，能够自主满足人类全方位需求，进一步实现人的解放，是未来社会进步的方向。当前数字化、网络化、智能化已呈现融合发展的态势，智能化作为新一轮科技革命和产业变革发展的最终目标，将以数字化、网络化技术为主要途径，实现依托于数据要素的快速发展，同时这一过程又将催生以数据广泛融入社会千行百业、深刻改变人们的生产和生活方式，构成社会"集体智慧"新思想的原动力的数字经济新形态。

在这样的时代背景下，数据作为数字经济的基础构成，对经济社会发展的关键作用进一步凸显。因此，深入研究数据要素的经济特征、增长机理及面临的主要问题，对于推进经济社会转型升级、助力国家把握新一轮科技革命和产业变革机遇具有重要意义。

二、数据要素的概念、特性及影响机理

（一）数据的概念

从一般意义而言，数据（Data）这一概念是指对客观事物进行记录

的可识别符号，不仅包括狭义上的数字，还包括文字、字母、字符等的组合。由于计算机科学的发展，数字化时代的数据概念特指可被计算机程序处理的符号的集合，在存储介质中以二进制 0 和 1 的形式存在，并且可以度量，其基本单位是比特（bit）。因此当前数据要素中的"数据"，其实就是指数字比特的集合。

需要说明的是，这里的数据概念与我们通常探讨的"大数据"（Big Data）的含义并不完全相同。对于大数据这一概念，最初的定义是指具有 4V 特征的数据集，其中 4V 特征是指规模大（Volume）、类型多（Variety）、获取及处理速度快（Velocity）、价值巨大但提取难度高（Value）。然而，随着实践发展，当前不同领域对大数据有着不同的理解和关注点，技术领域说的大数据是指数据采集、数据存储、数据分析、数据可视化等大数据技术（例如，以 Hadoop 为代表的一系列大数据开源工具），而应用领域说的大数据是指大数据应用，即利用大数据技术处理大规模数据以支持决策活动。事实上，大数据这一概念同时包含了数据、技术和应用三方面，是指为决策问题提供服务的大数据集、大数据技术和大数据应用的总称，其中，数据隐含价值、技术挖掘价值、应用实现价值三者均与数据价值密切相关。

为进一步明确数据的概念内涵，还需要对信息、知识、技术这些与数据既有密切联系又有明显区别的概念进行说明。数据是生产和消费等经济活动中自动产生的机器可读代码，它既不包括更高级别的语义内容（例如媒体内容或软件），也不包括更低级别的数据物理载体（例如硬盘）；信息是从原始数据中加工提炼后形成的语义内容，从数据中提取信息的行为构成了对数据的解释；知识是人类对于客观规律的认识，这些规律可用于预测和指导行为，信息可以改变已有知识并创造新的知识；技术是知识应用的体现，往往表现为以人为载体的知识技能和机器设备体现的技术先进性，并以技术专利或知识产权的形式固化下来。总结来说，数据与信息、知识、技术处于生产链条的不同环节，数据作为基础输入和原材料，只有通过一系列处理分析转换为信息才能创造价值，有价值的信息提升人们的经验技能、思维模式，进而持续促进知识积累和技术进步。

（二）数据的经济特性

在经济模型中，数据要素与劳动、资本等传统生产要素的竞争性、排他性等特性相比，主要存在三方面经济特性。

一是使用上的非竞争性。从技术层面而言，数据是无限可用的。一些人对数据的使用并不影响其他人的使用，即数据可以被多个主体同时使用而不会被耗尽，能够持续产生、无限积累。同时，信息技术的进步和通信网络的普及大幅降低了数据复制传输的成本，使得数据易于传播和广泛共享，从而进一步强化数据的非竞争性。非竞争性是数据区别于劳动、资本等传统生产要素的最显著经济特征。

二是很强的正反馈循环效应。借助数据的广泛全面渗透，企业可以进入一个良性的正反馈循环：生产消费过程中的数据价值挖掘可以帮助企业提高生产率、提升产品服务质量，改进的产品服务又可以吸引更多用户，进而获取更多可用数据，如此形成正反馈循环，迅速扩大数据量并层层放大数据价值。这种正反馈效应也表现为数据网络效应，当越来越多用户使用某产品或服务时，该产品服务对每个用户的价值就越大，特别是对于多边市场平台而言，平台一侧的用户越多、产生的数据量越大，平台对市场另一侧的用户就越有价值和吸引力。

三是一定的社会公共属性。从单个用户获取的数据不仅涉及关于该特定个人的信息，同时还涉及与该用户类似的用户群体的信息，即采集、处理、共享一部分人的数据会影响到其他更大范围人群的经济福利（例如，一个司机与交通应用程序分享他的出行信息，就为附近的其他司机提供了有关路况的信息并帮助其找到最佳导航路线；一个人在社交网络中的"赞"可能也表达了网络中其他人的同种情绪）。因此，聚合多个人提供的数据可以获得反映社会群体行为信息的"集合"数据，进而产生显著的经济外部性。数据的这种社会公共属性导致无人可以独占数据，至少它不完全为数字平台所有。

（三）数据要素引入对经济增长机理的影响

从理论层面看，数据作为关键要素引入经济增长理论体系，势必会对增长框架模型以及经济增长的内在机理产生重要影响。

索洛模型 $Y=A \times F(L, K)$ 确定了经济产出 Y 与劳动 L、资本 K 及外生变量技术 A 之间的关系，为现代经济增长模型奠定了基准框架。随着数据成为数字经济时代的关键生产要素，增长基准模型将会产生新变化。在索洛模型基础上，结合内生增长理论的思想，**增长理论基准模型可进一步拓展修订为** $Y=F(L, K, D; A)$。根据内生增长理论，企业可以通过投资技术研发产生新技术，内生的知识技术不断积累从而促进持续增长，因此技术要素 A 也应被视为内生变量纳入括号内，但由于技术要素 A 不可度量的特点，需要用分号与其他要素分隔。在拓展后的模型中，因变量 Y 代表广义的经济产出，自变量 L、K、D 分别代表数据、劳动、资本三大生产要素。这三个变量具有可度量、可处置的特征，产出 Y 对三者的偏导数可分别表示劳动生产率、资本产出率和数据产出率，反映了在一定技术水平和制度环境下各要素的生产效率。变量 A 表示内生化的知识技术，由各生产要素前期投入内生决定，反映了当前知识技术的创新驱动能力，并将对投入与产出之间的函数关系产生重要影响。函数关系 $F(\cdot)$ 表示广义的管理者（包括微观层面的企业管理和宏观层面的政府管理）配置各大要素、协调生产活动的组织方式，由于现实经济活动的复杂性，投入与产出之间往往呈现非线性的函数关系。

从拓展后的增长框架模型可以看到，经济产出 Y 将由劳动 L、资本 K、数据 D、技术 A 四大要素以及要素间的配置关系 $F(\cdot)$ 共同决定。数据 D 作为数字经济时代的关键要素，由于其独特的经济特性，引入增长模型后不仅会影响自身增长规律，而且会对传统要素劳动 L 和资本 K 的生产效率、技术 A 的形成作用机理产生重要影响，进而改变生产函数的形式，对市场配置资源产生新的且更为复杂深远的影响。

具体而言，数据要素对增长的驱动作用主要体现在基础性和战略性两方面。

基础性方面，数据是持续增长不可或缺的基础性资源。一是数据像数字经济时代的"阳光"，各种经济活动的广泛数字化使得数据无处不在并渗透到整个经济社会，影响生产生活的方方面面，成为不可替代的必需品。二是数据又像数字经济时代的"石油"，为数字经济的发展提供了源源不断的新动能，类似石油工业需要经历勘探、开采、提炼、运输等环节，数据价值的挖掘也涉及采集、存储、传输、处理等复杂过程，并需要数据中心、基础网络等信息基础设施的有效支撑。

战略性方面，数据是构筑长期竞争优势的战略性资产。数据要素本身的经济特性和信息通信技术的进步，导致数据会产生很强的规模经济性和范围经济性。规模经济方面，数据的非竞争性和零边际成本复制特征，使数据得以快速积累和无限增长，大规模、多维度的数据积累显著提升了数据可挖掘的价值；同时，当海量数据与其他投入要素相结合时，数据的每一个单位都可以被其他生产要素同时使用，导致数据要素的平均产出大幅提高，打破传统要素边际价值递减的束缚，从而实现规模报酬递增的增长模式。范围经济方面，对一个领域产品服务数据的复用，有助于改进其他多个领域的产品服务或驱动各种不同类型的创新，产品服务及创新种类的增加使得单位数据成本大幅下降，产生极强的范围经济性；同时，生产运营管理全流程的数字化帮助打通全要素、全领域数据链，通过数据挖掘出的信息知识有助于降低各领域的信息不确定性和交易成本，促进产业链各环节及不同产业链的跨界融合，从而进一步强化了数据的范围经济性。

结合拓展的增长理论框架模型看，数据的战略性作用具体表现在对劳动、资本、技术等要素配置方式和增长模式的深刻影响，推动各要素突破原有增长极限。**一是放大劳动、资本等传统要素的效能和价值。**数据通过融入生产经营全流程各环节，可支撑企业决策和运营流程在全局层面得以优化，助力企业实现更强的决策力、洞察发现能力、流程优化能力和产品创新能力，进而全面提升劳动、资本等要素的投入产出效率和资源配置效率，实现对传统要素价值的放大、叠加、倍增。**二是提升技术的创新速度和维度。**数据的高效流转可大幅提高技术研发的效率和迭代速度，而当数据与人工智能相结合，则可挖掘出实验归纳、模型推演、仿真模拟三大传统科研范式之外的"第四范式"知识，有望突破人类认知极限，创造新的思想、理论和方法，提升人类对未知领域的洞察能力和对未来变化的预测能力，从而在基础理论层面推动技术创新取得重大突破，为生产力大幅跃升提供重要动力。**三是促进技术创新在全社会层面的高效融通和快速扩散。数据的社会公共属性叠加数字平台的网络效应，可极大程度降低数据采集、传送、存储、处理、应用的门槛，进一步打破信息获取的时间和空间限制，为信息流带动技术流、资金流、人才流、物资流创造更为有利的条件，促进技术创新跨层级、跨地域、跨系统、跨部门、跨业务高效融通，继而推动新兴技术在各行各业实现快速扩散，为全社会经济增长提供源源不竭的内生动力。

（四）激活数据要素价值的关键阶段

将数据要素纳入增长理论体系会产生新的增长机理，但要在实践中真正发挥数据的基础性和战略性作用，就必须充分激活数据要素的潜在价值。具体而言，数据要素价值化包含数据资源化、数据资产化和数据资本化三个关键阶段。

数据资源化是激发数据价值的基础。现实中，不经过任何处理的原始数据往往是低质量、碎片化的，无法直接应用于生产过程。因此，数据资源化是对这些"原料"状态的数据进行初步加工，最后形成可采、可见、互通、可信的高质量数据，其本质是通过技术手段提升数据质量的过程。从技术角度看，数据的资源化包含数据采集、标注、集成、汇聚和标准化等过程。

数据资产化是实现数据价值的核心。数据承载了非常丰富的潜在价值，但只有把数据与具体业务或应用联系在一起，才能在实际应用中实现数据的潜在价值。因此，数据资产化就是通过将数据与企业具体业务相融合，转化成可以为企业带来经济效益、创造竞争优势的战略资产，从而实现数据驱动的产品、流程和决策。数据资产化是数据价值创造过程中的一种质变，但资产化的过程中还需要解决数据确权、数据价值评估等相关问题。

数据资本化是拓展数据价值的途径。要充分激发数据要素的价值，就不能将数据应用局限于单个业务、单个企业或单个产业，而是要在全社会层面进行配置。因此，数据资本化就是以流通、分配等活动为基础进行数据要素的社会化配置的过程。数据参与分配才能将其价值发挥到最大，有助于提升创新能力，促进新业态发展，并创造更多就业岗位，继而提升对整个经济社会的乘数效应。数据资本化关乎数据价值的全面升级，也是实现数据要素市场化配置的关键所在。

综上所述，需持续推进数据全面采集、高效互通和高质量汇聚以加快数据资源化，全面深化数据驱动的融合应用以促进数据资产化，有序推进数据要素市场化配置和流通共享以推动数据资本化，实现数据潜在价值真正转化为数字生产力。

（五）数据要素应用的典型实践

从实践层面看，历史规律表明，社会层面的技术变革和新关键要素的引入，将催生新的商业形态，推动经济社会发展范式的快速变迁。

近10年来，伴随新一代信息技术和数字经济的蓬勃发展，一批自主掌控前沿理论和技术、为经济社会转型提供基础性数字平台、创造巨大经济和社会效益的领先科技企业迅速崛起并走向历史舞台中央，成为引领数字创新的时代先锋，率先建立起数据驱动的新增长模式。在当前全球市值前十的企业中，以新一代信息技术为关键生产工具、以数据作为关键生产要素的科技企业占比从10年前的20%迅速提升到70%。截至2020年6月，全球最大的5家科技企业（微软、苹果、亚马逊、谷歌、阿里巴巴）总市值已突破5万亿美元，与全球第三大经济体日本2019

年度的 GDP 总量基本持平。

这些科技企业之所以能够快速创造如此巨大的市场价值，究其原因，在于它们从成立之初即开创并始终践行着以数据为关键要素的新型发展方式。该方式与传统发展方式相比，呈现三方面显著特征。**一是构建数据要素全流程贯穿的运营模式。**领先科技企业以数据为纽带，构建内部资源、产品服务、客户需求的正向循环，通过客户需求相关数据牵引资源的高效配置和精准供给，在满足大规模个性化需求的过程中不断创造价值。**二是打造与数据运用高度匹配的组织架构。**领先科技企业的组织架构分工与数据采集、传送、存储、处理、应用的全生命周期流程高度对应，能够促进数据资源向知识和技术的持续高效转化，真正实现数据驱动的运营模式。**三是组建能熟练运用数据要素的人才队伍。**领先科技企业的人才队伍能力与新一代信息技术的研发运营要求高度匹配，通过加强专业人才队伍建设和对原始创新的持续投入，强化对数据要素的深度处理和价值挖掘，创造数字生产力，从而为企业创新发展注入强劲内生动力。

通过践行以数据为关键要素的发展方式，科技企业建立起显著领先于传统企业的三方面优势。**一是超大规模增长。**领先科技企业仅用 10 年左右时间，就达到了用户规模上亿、收入规模超千亿美元的巨大体量，迅速赶超了传统企业历时数十年甚至上百年才建立起来的规模。**二是科技密集型。**领先科技企业通过高研发和运营投入取代高固定资产投入，创造了远高于劳动密集型、资本密集型企业的生产效率；2019 年全球市值前 5 名的科技企业（微软、苹果、亚马逊、谷歌、阿里巴巴）研发投入占比普遍高于 10%，其劳动生产率较 10 年前市值排名前五的传统企业（美孚、中国石油、沃尔玛、中国移动、工商银行）提升了约 2.5 倍。

三是横向一体化。领先科技企业扭转了传统大型企业面向产业上下游的纵向一体化扩张模式，基于云计算、大数据、人工智能等通用数字平台，推动新一代信息技术融合渗透到各行各业，实现对各行各业的赋能甚至改造，开创了企业横向无边界的扩张路线，极大拓展了单一企业的增长极限。

三、数据要素市场及应用面临的主要问题

科技企业探索建立的、以数据为关键要素的新型发展方式，为发挥数据在经济社会民生层面的价值提供了重要借鉴。但在更大领域发挥价值，基本前提是数据能够像劳动、资本等传统生产要素一样进行市场化配置，而当前仍存在制约其合理有序流通交易的若干问题。

（一）保障数据有效流通的产权、标准、平台及机制等软件条件尚不健全

一是数据要素产权属性尚未清晰界定。明晰的数据权属是数据高效流转的基础，但现行物权制度难以适用数据要素的非实体属性、非竞争性等经济特性，同时数据权利内容因应用场景变化而改变，导致相关主体的数据及衍生数据使用权、排他权和处置权等权责不明确。二是数据流通的质量标准和价值评估标准缺失。当前数据采集、传送、存储、处理、应用全生命周期的质量标准体系尚不完备，导致数据质量参差不齐，难以支撑大规模的数据流通和价值挖掘。同时，由于数字产品和服务往往以免费或订阅形式提供，现有宏观经济统计方法无法精确测算其带来的增加值和对消费者剩余的贡献，如何评估数据价值仍未达成共识。三是

多级联动的交易平台还未形成。我国已有贵阳大数据交易所等多个地方性和行业性的数据交易平台，但仍缺乏国家级数据交易平台，导致在没有信用背书的情况下参与数据交易的积极性不高。而且各交易平台缺乏统筹联动，数据孤岛现象广泛存在，难以支撑数据要素跨区域、跨领域的市场化配置。**四是数据治理机制及相关机构不完善。**当前尚未建立完善的数据治理法律法规体系，未能设立国家级数据市场管理机构，难以对经济社会各领域数据的开发利用和流通交易进行全面监管。同时，在新冠肺炎疫情等突发公共事件中，暴露出部分数据开放共享不充分不及时、不同地区数据平台建设水平及调度能力存在差异等问题，数据的应急处置支撑效果有待提升。

（二）支撑数据生产全流程的基础设施、核心技术等硬件条件存在短板

一是新型数字基础设施较为薄弱。我国传统信息网络基础设施改造难度较大，工业互联网、卫星互联网等新一代通信网络基础设施建设力度不足，以云计算、边缘计算、超算等为代表的算力基础设施无法满足智能化业务的能力要求，"局部算力过剩"与"全局算力不足"的供需关系阻碍了以数据为核心的智能化应用创新。**二是数据应用的关键核心技术存在短板。**近年来，我国在数据应用领域取得较大进步，但是在基础理论、核心器件和算法、软件等方面较技术领先国家尚有一定差距，开源技术和国际开源社区的影响力较弱，一些核心技术面临"卡脖子"问题。**三是数字技术人才储备不足。**数字化人才短缺问题突出，掌握数学、统计学、计算机等跨学科知识的综合性人才缺乏，熟练掌握行业数据化技术与管理的跨界型人才不足，制约传统产业数字化转型进程。

（三）数据生产要素与经济社会民生各领域融合应用创新不足

一是与传统产业融合渗透不充分。伴随数字技术快速发展和广泛渗透，我国服务业数字化转型进程较快，但制造业、农业产业等由于区域发展不平衡，数字化转型进程较为缓慢，导致数据要素融合赋能的深度和广度不足，难以充分发挥数据要素的全局优化作用，制约数据要素应用创新。二是在社会治理领域融合渗透不充分。数据汇聚应用将引发政府社会治理模式的巨大变革，但当前大量政府数据资源仍沉淀在各单位或部门内部，数据孤岛现象严重，在市政管理、市场监管、治安防控、应急救灾等社会治理领域未能发挥社会全量数据的最大价值，阻碍治理科学精细化进程。三是在保障和改善民生方面融合渗透不充分。数据尚未深度融入教育、医疗、养老、环境、文化等民生领域，未能将个人小数据集高效整合成社会大数据集，阻碍公共资源最优化配置，带来供需不匹配、不均衡的问题，难以充分满足人民对美好生活的向往。

综上所述，在充分认识到当前数据要素市场面临突出问题的基础上，也应正确认识到数据要素价值的充分激发是一个由点及面、由浅入深的长期演进和持续发展的过程，需要多个维度系统建立数据要素市场体系，引导数据合理畅通有序流动，为助推经济社会民生创新发展奠定基础。

四、建立健全数据要素市场体系

我国作为第一大数据资源国，具备发挥数据要素关键作用的巨大潜能。据 IDC 统计，2010—2018 年间，我国数据量年均增长 41.9%，高于全球其他地区 4.9 个百分点；预计到 2025 年，我国数据规模占全球比重将超过 1/4。为切实将我国数据资源优势转化为高质量发展动能，亟须把握以数据为关键要素增长方式的内在规律，以当前面临的主要问题为出发点，从数据资源化、资产化和资本化三个关键阶段着手，加速推进数据价值化进程，夺取数字经济发展的先发优势。

（一）面向数据资源化，加强新型信息基础设施建设及技术研发应用

第一，加快 5G、数据中心等新型信息基础设施统一建设规划、融合部署和协同发展。强化顶层设计和整体部署，明确面向全社会、全行业、全要素的 5G 和数据中心建设规划，明晰阶段性目标和分步实施重点，统筹推进与国民经济和社会发展各领域融合的设施建设，解决数据孤岛现象；加强跨界合作，推动各界协同破解成本难题，重点提升数据采集、传送、存储能力，为数据从采集至应用全环节提供坚实支撑。第二，加强云计算、人工智能等技术研发应用。数据本身并不具有价值，需通过有效治理使无序数据关联化、隐形数据显性化，挖掘背后隐藏的信息才能产生价值，因此数据计算处理能力对数据资源化过程十分关键。要鼓励和引导多方共同开展基础理论研究，加快培养云计算、人工智能等领域的高端、复合人才，探索新型数据挖掘的技术路线及与其他互补性技术融合创新，全面提升数据处理能力。

（二）面向数据资产化，加快解决数据权属、定价、交易等关键问题

第一，完善法规政策及监管体系，确保数据交易流通健康有序。一是推进立法，加快数据确权，明确数据采集权、控制权，数据及衍生数

据的使用权、交易权、收益权等核心权属，厘清数据产生者、采集者、控制者、使用者等相关方的法定权利和义务，为数据大范围、大规模应用奠定法理基础。二是建立健全数据要素交易风险防范处置机制，完善数据要素交易信息披露制度，规范数据交易行为，健全投诉举报查处机制，防止发生损害国家安全及公共利益的行为。三是健全数据要素流通应用治理体系，建设完善涵盖政府机构、行业协会、平台企业等在内的分工协作治理体系，促进大数据产业良性发展，提升国家数字化治理能力。

第二，优先推动与个人无关的非敏感数据交易流通，助力各行业转型升级。与个人无关的非敏感数据不涉及用户隐私、商业秘密等问题，具有较好的流通基础。一是加速产业链上下游数据流通，减少信息不对称，降低交易成本，推动产学研用融合发展，促进全产业链效率提升。二是加速跨行业数据流通，推动各产业融合创新发展，创造新业态、新模式，助力传统产业转型升级，驱动跨界、无边界的持续增长。三是加速面向科研创新的数据流通应用，通过海量多维数据与人工智能结合，充分发挥科研创新"第四范式"作用，助力国家抢占新一轮科技创新制高点。

第三，探索构建数据估值计量体系，为数据交易奠定基础。一是加强类比无形资产估值方法的研究，相较无形资产，数据资产还具有"有效期短、无限共享、集合价值更高"的特点，需在传统成本法、收益法和市场法的基础上探索其他衍生方法，确保合理评估与预测数据资产价值。二是鼓励以数据中心为载体进行交易估值探索，加强不同数据中心的共享交流，促进统一的估值体系形成。三是优先探索对特定成熟领域或具体案例的数据定价，进一步对定价体系进行优化完善。

第四，构建安全高效的数据交易体系，支撑数据要素跨行业、跨地域流通。一是加快制定数据交易应用相关标准规范，确保数据生产、数据存储及管理、数据清洗、数据标注、数据交易、数据共享、数据分析等环节具有统一的质量标准、接口规范和安全要求，促进产业分工协作。二是加快建立分级别、分领域的数据交易平台体系，选取承载海量国家基础数据且信息化程度较高的国有企业开展国家级数据交易平台建设，纵向推动省市区分级平台建设联动，横向强化行业性平台对接，推动数据要素跨区域、跨行业流通应用。三是推动量子加密、区块链技术在数据交易流通、数据隐私保护中的应用，确保数据流通可溯源，解决数据交易流通中数据非授权复制和使用等问题，充分保障各相关方的权益。

第五，建立数据资产管理体系，实现数据从资产保值到增值的跨越。一是完善组织职能，鼓励设置专门的"数据管理"职能部门或首席数据官，负责统筹数据资产管理工作，落实数据标准、质量、安全等管理职能。二是升级数据资产管理工具，将智能化技术引入数据资产管理活动中，降低数据使用门槛，使数据的管理更加便捷和准确。三是建立保障措施，充分考虑企业内部数据资源、业务开展情况，设计有针对性的数据资产管理组织架构、管理流程、管理机制和考核评估方法，保障数据资产管理工作有序开展。

（三）面向数据资本化，加快推动数据金融创新和应用

积极促进数据要素与资本市场融合发展，前瞻性探索多种实现数据资本化的创新方式。例如，将数据资产价值折算成股份，用于添加企业自有资本；或者折算为出资比例，实现对外投资；另外，可参考知识产权证券化的模式，以数据资产未来预期产生的现金流为基础发行证券，从

而调动各主体参与的积极性，加速数据与传统生产要素融合发展，提升国家创新驱动能力。目前来看，我国的数据资本化发展尚处于探索和起步阶段，亟须科学规范的理论指导及社会多方的协同合作。

五、加快经济社会民生数字化创新

以完备的数据要素市场为基础，数据要素能够实现安全有序流通及价值提升放大，在推动经济社会发展、促进国家治理体系和治理能力现代化、满足人民日益增长的美好生活需要方面发挥基础性和战略性作用。

（一）促进经济数字产业化和产业数字化蓬勃发展

伴随数据爆发式增长以及包括 5G、大数据、区块链、人工智能等在内的新一代信息技术日趋成熟，以数字驱动为特征、数据资源为要素的数字经济呈蓬勃发展的趋势，将推动国民经济持续稳定增长。据中国信息通信研究院相关公开研究显示，2019 年，我国数字经济增加值规模已由 2005 年的 2.6 万亿元扩张到 35.8 万亿元，占 GDP 比重已提升至 36.2%，预计到 2025 年，我国数字经济将达到 60 万亿元的规模；到 2030 年，我国数字经济占 GDP 的比重将达到 50%，成为国民经济发展的重要支撑力量。

数字产业化层面，数据将驱动软件定义的新型数字产业体系的不断成熟，为信息通信产业带来广阔发展前景。**一方面**，海量数据促进技术创新跨层级、跨地域、跨系统、跨部门、跨业务高效融通，带动基础电信业、电子信息制造业持续平稳较快增长。**另一方面**，以大数据、物联网、人工智能、区块链等为代表的新兴技术快速发展，使得以操作系统、数据库、算法、开发平台、工具软件等为代表的产业平台已经初步形成规模，将为软件及信息技术服务业和互联网行业的高速发展奠定坚实基础。

产业数字化层面，数据赋能的实体经济将不断催生新业态、新模式、新应用，有效发挥数据要素的放大、叠加、倍增作用。**需求侧**，通过基于海量数据实现对客户需求的精准洞察，将推动企业从满足规模化、基础性的需求向满足个性化、高品质的需求升级，进一步释放新兴消费需求，推动持续增长。**供给侧**，数据与以人工智能为代表的新一代信息技术的广泛结合将充分打通生产全链条，实现与需求端互联互通，驱动局部、刚性的自动化生产运营向全局、柔性的智能化生产运营升级，实现基于全局数据的生产运营逻辑重组和最优，促进全要素生产率提升，为供给侧结构性改革不断注入内生动力。

（二）提升社会数字化治理能力和水平

数据要素与社会治理深度融合，将创新社会治理模式，助推政府科学决策、精准管理，为国家治理现代化提供内生动力。例如，新冠肺炎疫情发生以来，数字政府、智慧城市、智慧社区等数字化治理模式被广泛应用，已经取得积极成效。据互联网数据中心（IDC）研究报告显示，2019 年，中国智慧城市规模为 1602 亿元，预计到 2025 年，中国智慧城市投资将达到 3000 亿元，年均复合增长率超过 10%，将进一步加速城市智慧化进程，促进国家治理能力全面提升。

第一，数字政府开拓新的惠民便企路径。一网通、线上认证等社会治理"新标配"的全国普及催生双向互动、线上线下融合、注重社会协同的社会治理模式，将加速政务信息、城市运行、企业发展等多维数据汇聚共享，形成政府、行业、企业、个体多方协同治理新模式；同时通过对市场风险的跟踪预警，将打造有序的消费和营商环境，助力经济社会健康发展。**第二，智慧城市促进城市管理服务不断优化。**借助新一代信息技术，城市各个领域的数据充分整合、挖掘将全面提升城市管理水平。例如，全面汇聚地理、气象等自然信息及社会、文化等人文信息，将有助于实现更加科学的城市规划；通过交通、环保等公共数据资源统一集中，并合理向社会开放，将提升城市公共服务水平和运行效率；海量数据挖掘分析还将提高应急处理和安全防范能力，助力科学高效反恐防暴。**第三，智慧社区助力网格化精准管理。**大数据与网格化深度融合，能够充分整合基层资源，实现精准、高效、全时段、全地段覆盖的精细化社区管理。正如此次新冠肺炎疫情中，通信网络大数据凭借真实准确、覆盖面广、动态更新等特点，与政府、交通、医疗数据深度融合，高效有力地支撑了流动人群疫情态势研判、重点人员疫情风险筛查与疫情溯源，在助力基层社区实现精准防控和资源科学配置、保障各类企业安全有序地开展复工复产方面，发挥了突出作用。

总体来看，数字化治理将有力推动政务数据和社会数据资源共享，促进社会治理的科学化、精细化、智能化，并在城市管理、市场监管、安全生产、治安防控、应急救灾等领域凸显巨大潜能，充分释放社会全量数据价值，实现社会治理效率提升及社会整体利益最大化。

（三）助力民生服务更加智能便捷

数据要素与民生服务深度融合，将加速教育、医疗、养老、社保、交通、住房、环境、文化、扶贫等民生领域的智慧化解决方案落地，破解民生服务碎片化、部门资源条块分割难题，解决一系列发展不平衡不充分的问题，提高老百姓的生活品质，实现发展成果由人民共享，满足人民对美好生活的向往。

第一，智慧教育助推教育公平发展和质量提升。以云平台为载体的智慧教育将促进课前备课、课堂教学、课后作业、考试评价、个人学习等数据存储流通，催生数据赋能教学的智慧课堂，形成精准、个性、灵活的教育模式；同时，数据的互通将进一步推动优质教育内容突破时空限制、快速复制传播，全面促进教育均衡发展。第二，智慧医疗让百姓就医更加便捷精准。海量医疗数据积累将促进医疗机构提升诊断准确率与治疗精准度，同时也为个人随时掌握自身健康状况并提前发现健康隐患提供更多便利，助力智能化自动化疾病诊断走进寻常百姓的生活；同时，涵盖各级医疗机构、公共卫生、医疗健康设备等的医疗数据通过统一医疗平台实现互联互通，将促进优质医疗资源均衡化。第三，精准扶贫确保扶贫工作落到实处。扶贫数据通过新一代信息技术能够立体呈现、动态监测和分析研判，确保扶贫目标的精确设定、扶贫对象的准确定位和扶贫成果的及时精准评估，助力如期打赢脱贫攻坚战。第四，人民群众精神文化生活得到极大丰富。数据将驱动新闻出版、广播影视、旅游出行、游戏娱乐等事业创新发展，不断满足人民群众日益增长的精神文化需求。例如，在影视文化产品的开发上，已经出现了运用用户需求、角色特点等多维度数据对比分析选择影视演员的新型探索。

目前数据要素助力民生服务的领域不胜枚举，除以上所述，还有智慧养老、智能交通、全屋智能等多个场景。其本质均是通过汇聚个人小数据集或小样本数据集形成大数据集，撬动更大范围社会便捷性的实现，切实提高人民群众的获得感和幸福感。

总体而言，数据的基础性和战略性作用，不仅将在经济、社会、民生方面发挥巨大作用，更是国家核心竞争力长期构建的基础。党的十九大报告提出的"到 2035 年基本实现社会主义现代化，本世纪中叶实现社会主义现代化强国"发展目标的实现，亟须前瞻性思考、全局性谋划、战略性布局、整体性推进，着重加强在自然科学和社会科学领域的基础研究，为数据价值充分释放及国家核心竞争力提升奠定基石。一方面，围绕突破香农定理和图灵原理的下一代通信、新型计算模型等重点基础科学理论，以及量子通信、虚拟触觉、脑机接口等前沿技术加快布局，深化信息技术与控制科学、材料科学、生物科学、神经科学融合创新，推进万物互联、空天一体、人机交互的数字社会网络基础设施建设迈入新阶段。另一方面，针对人类经济社会深层次演进的基础理论规律加强研究，对包含细碎商业活动、日常行为、心理活动的纳米经济数据集进行量化分析，实现贯通微观个体到宏观社会的规律挖掘，率先突破数字社会发展的哲学伦理、市场机制、治理模式等基础关键问题，破除数据创新应用面临的认知及制度障碍。依托自然科学和社会科学两方面的突破，建立经济社会民生发展新范式，充分释放包含社会多领域信息的全量数据蕴藏的集体智慧，达成社会发展与个人发展的高度统一，继而在更大程度上实现马克思所描绘的人的解放和自由全面发展，为构建人类命运共同体贡献力量。

贾 康

华夏新供给经济学研究院院长、
原财政部财政科学研究所所长

第三讲

新基建：既是当
务之急，又是长
远支撑

一、新基建的提出

在新冠肺炎疫情和国际金融动荡、市场低迷的冲击之下，2020年中国经济面临的压力超乎寻常，新基建成为文件、实际职能部门和社会舆论场中被提及的高频热词。2020年5月下旬召开的全国"两会"上，李克强总理在政府工作报告中特别强调了年度扩大内需、增强有效投资部署中的"两基一重"，即新基建、新型城镇化和交通、水利等重点基础设施建设。

当此决胜实现"全面小康"的非常之时，我们应当客观全面理解新基建的重大意义，同时，还应清楚地认识到，新基建为引领我国经济新常态、实现高质量发展提供了后劲，是形成长久支撑的中长期战略选项。

在我国经济稳中求进并力争实现高质量发展的进程中，新基建的重要意义正在不断凸显。2018年12月中央经济工作会议，对促进"新型基础设施建设"（简称新基建）做出重要指导，5G商用、人工智能相关的基础设施建设和工业互联网、物联网等，成为新基建的具体内容。2019年7月，中央政治局会议明确要求稳定制造业投资，在实施城镇老旧小区改造、城市停车场、城乡冷链物流设施建设等补短板工程建设的同时，加快推进信息网络等新基建。2020年年初在新冠肺炎疫情形成严重冲击的形势下，为克服困难，开创新局面，2月的中央政治局会议和3月的政治局常委会，在进一步强调加快新基建时，又明确地增加了"数据中心"的建设内容，而且特别指出"要注重调动民间投资积极性"。这些都构成了2020年5月下旬召开的全国"两会"上李克强总理再次强调新基建的认识基础和观念准备（参见表1）。新近有关部门的指导文件，已明确地列举了 5G 基站、特高压输变电、城际高速铁路和城际轨道交通、新能源汽车充电桩、大数据中心、人工智能和工业互联网等若干大项新基建的重点内容（参见表 2）。

表 1　党中央和国务院会议 / 文件中的传统基础设施建设和新基建

时间	会议 / 文件	相关表述	
		传统基础设施	新型基础设施
2018.12	中央经济工作会议	加大城际交通、物流、市政基础设施等投资力度，补充农村基础设施和公共服务设施的短板	加快 5G 商用步伐，加强人工智能、工业互联网、物联网等新型基础设施建设
2019.3	《政府工作报告》	完成铁路投资 8000 亿元，公路水运投资 1.8 万亿元，开工一批重大水利工程，加快川藏铁路规划建设，加大城际交通、物流、市政、灾害防治、民用和通用航空等基础设施投资力度	加强新一代信息基础设施建设
2019.5	国务院常务会议	—	把工业互联网等新型基础设施建设与制造业技术进步有机结合
2019.7	中央政治局会议	实施城镇老旧小区改造、城市停车场、城乡冷链物流设施建设等补短板工程	加快推进信息网络等新型基础设施建设
2019.12	中央经济工作会议	推进川藏铁路等重大项目建设，加快自然灾害防治重大工程实施，加强市政管网、城市停车场、冷链物流等建设，加快农村公路、信息、水利等设施建设	加强战略性、网络型基础设施建设，稳步推进通信网络建设
2020.1	国务院常务会议	—	出台信息网络等新型基础设施支持政策
2020.2	中央全面深化改革委员会第十二次会议	会议审议通过了《关于推动基础设施高质量发展的意见》，要求统筹存量和增量、传统和新型基础设施发展，打造集约高效、经济适用、智能绿色、安全可靠和现代化的基础设施体系	

时间	会议/文件	相关表述	
		传统基础设施	新型基础设施
2020.3	中央政治局常务委员会会议	加快推进国家规划已明确的重大工程和基础设施建设	加快5G网络、数据中心等新型基础设施建设进度
2020.5	《政府工作报告》	加强交通、水利等重大工程建设，增加国家铁路建设资本金1000亿元。加强新型城镇化建设、新开工改造城镇老旧小区3.9万个，支持管网改造，加装电梯等，发展居家养老、用餐、保洁等多样化社区服务	发展新一代信息网络，拓展5G应用，建设数据中心，增加充电桩、换电站等设施，推广新能源汽车

表2　新基建七大细分领域及其应用

序号	领域	应用
1	5G	工业联网、车联网、物联网、企业上云、人工智能、远程医疗
2	特高压	电力等能源行业
3	城际高速铁路和城轨轨道交通	交通行业
4	新能源汽车充电桩	新能源汽车
5	大数据中心	金融领域、能源领域、安防领域、企业生产经营实务领域及居民个人生活的各方面（包括出行、购物、康养、理财等）
6	人工智能	智能家居、服务机器人、移动设备/UVA、自动驾驶和其他行业应用，包括家居、金融、安防、医疗、企业服务、教育、客服、视频/娱乐、零售/电商、建筑、法律、新闻资讯、招聘等
7	工业互联网	企业内智能化生产、企业和企业之间的网络化协同、企业和用户的个性化制定、企业与产品的相关服务延伸

　　显然，新基建不是过去已有的"4万亿元一揽子政府投资刺激计划"等举措的重复。这次的新基建，强调的是与新经济、新技术发展前沿——

数字化信息技术的开发与运用紧密结合的基础设施建设，政府管理部门也总结了上两轮抵御亚洲金融危机和世界金融危机期间扩张投资的经验。

二、新基建是扩大内需的重要举措

"基础设施"，亦称"公共基础设施"或"社会基础设施"，是指可为由社会生产和居民生活构成的经济社会活动，提供公共服务支撑条件的物质工程所形成的不动产为主的硬件设施，是使社会正常运行和发展的一般物质前提中重要的、关键性的组成部分。直观形态上，基础设施包括交通、邮电、供水供电供热、商业网点、环境保护、园林绿化、社会治安、防灾减灾，以及文化教育、科研技术服务、卫生医疗、大众娱乐等所需的各种主要物质设施。

与传统基建相比，新基建的"新"主要在于其与新技术革命前沿——科技生态升级之中数字化信息技术的开发和运用紧密结合在一起，在高科技端发力而开展的相关基础设施工程项目建设，用以支撑"数字经济"发展和国民经济全局。从经济理论视角解读新基建的功能作用，可知其是从经济发展的"条件建设"切入，形成新技术革命时代信息技术日新月异发展形势下由相关硬件、软件合成的有效供给能力，支持诸多的创新机制与科技成果应用的结合，为新制造、新服务、新消费打开广阔的空间，更好地满足人民群众对美好生活的需要。

发力于科技端的新基建，在当前新冠肺炎疫情冲击的特定背景下，对于稳增长、稳就业、优结构、挖潜力的现实意义，更是十分明显。疫情对经济的影响还存在极强不确定性，对其发展动态，我们还在密切跟踪中。2020年上半年，全球许多国家都出现了严重疫情，这是原预想中最坏的一种情况，一定会影响到各主要经济体，也必然在全球产业链互动互制中严重冲击中国的经济增长。5月下旬召开的全国"两会"，罕见地没有给出年度的引导性经济增长目标，意在应对巨大的不确定性。这有利于把各方面的注意力更好地聚集到"六稳"（稳就业、稳金融、稳外贸、稳外资、稳投资、稳预期）和"六保"（保居民就业、保基本民生、保市场主体、保粮食能源安全、保产业链供应链稳定、保基层运转）上面。同时，明确地树立了年度内相关城镇新增就业900万人等方面的重点工作目标。根据2019年和前些年经济增长与城镇新增就业的经验数据推算，为完成2020年设定的具体任务目标，年度经济增速需达到4%或再高一点。我们必须基于2020年"六稳""六保"和经济增长内含目标的相关认识，紧密地跟踪经济态势，全面考量必须做好的"自己可选择的事情"。

为了在大疫之年最大限度地减少冲击与损失，实现"六稳""六保"并对接经济的长期向好，必须掌握好经济态势出现急剧变化后的全局应对方案。面对全球动荡、世界经济低迷、外需滑坡的严峻局势，我们别无选择，唯有着力扩大内需。在推出非常举措方面，决策上已明确了提高赤字率、发行抗疫特别国债和扩大地方专项债发行规模等财政政策措施，有相当可观的可用资金将用于启动大规模的、由政府牵头的投资项目计划，有效地扩大有效投融资。除了现在加以强调的新基建和配套的政府投资外，非常关键的问题，是要有好的投资机制。比如，前几年我国积极推进的 PPP 模式（Public-Private Partnership，即政府和社会资本合作，一种公共基础设施的项目建设与运营的创新模式）就是很好的尝试，虽然在这个过程中也出现了一些偏差，但绝不代表这种模式自身有问题。政府的资金是有限的，财政已在过紧日子，但可调动的社会资金还是相当可观的，以 PPP 创新而"四两拨千斤"地、绩效升级地扩大有效投资和内需，势在必行。

我认为，如果投资绩效可以被较充分地激发出来，2020 年全年的 GDP 增长仍然有望达到 4% 的增速。

三、新基建助力打造"新经济"

立足当下加快新基建，不仅将助力稳投资、扩内需，缓解疫情冲击下的燃眉之急，而且会在实现决胜全面建成小康社会目标之后，助力形成高质量发展后劲，跨越"中等收入陷阱"。

新基建，一方面有助于扩大有效投融资，在形成网络建设投资的同时，吸引各行业加大对信息通信技术项目的资本投入——以 5G 为例，预计 2020—2025 年可直接拉动电信运营商网络投资 1.1 万亿元，拉动垂直行业网络和设备投资 0.47 万亿元；另一方面，有助于扩大和升级信息消费——同样以 5G 为例，预计 2020—2025 年，5G 商用将带动 1.8 万亿元的移动数据流量消费、2 万亿元的信息服务消费和 4.3 万亿元的终端消费。

中国的人均国民收入，在 2019 年已达到 1 万美元水平，按照世界银行可比口径，已进入中等收入经济体的上半区。如未来 5—8 年仍保持经济增长的中高速，人均国民收入有望冲过 1.3 万—1.4 万美元的门槛，我国将坐稳高收入经济体的交椅。但这个"冲关"从前 70 年全球统计现象来看，成功率仅有十分之一，即绝大多数经济体未能成功跨越这一道大坎。对于追求现代化"和平崛起"的中国，这也将成为一个历史性的考验。虽然关于"中等收入陷阱"的概念和中国能否跨越这一陷阱的问题，还存在不同的认识，但我认为不应纠结于这一比喻式概念的表述严谨性等浅层次问题，而应把握这个概念相关问题的实质内容。

"中等收入陷阱"这一概念，最早是由世界银行于2006年在《东亚经济发展报告》中提出的，放在整个经济增长和经济发展的过程中来看，呈现出一道形象的"坎儿"，"跨过去"和"跨不过去"意义截然不同。迄今为止，相关讨论已有许多。虽然这一概念的表述在其形式及量化边界上还带有某种弹性与模糊性，但"中等收入陷阱"绝非部分学者所称并不存在的"伪问题"。

中国经济发展正处于中等收入发展阶段，同时也处于推进全面改革与全面法治化的攻坚克难时期。有关"中等收入陷阱"到底是否存在、如何解读与应对的讨论中，有"否定派"，如某些颇有影响的学者所说的"我根本就不知道什么是中等收入陷阱"，有网上激烈观点直接表述的所谓"中等收入陷阱"概念本身就是一个"伪问题"和认识上的"概念陷阱"。也有"乐观派"，在肯定"中等收入陷阱"概念的前提下，从数据分析对比上认定中国将较快从上中等收入国家进入高收入国家，中国已不可能落入拉美式"中等收入陷阱"。有学者预计中国会在2022—2024年进入高收入经济体。当然还有"谨慎派"，认为向前看中国落入"中等收入陷阱"的概率可能是"一半对一半"，必须经历这一严峻的考验，切不可掉以轻心。

我不认同"否定派"的观点。根据对多样本的进入中等收入发展阶段经济体的实证情况和相关问题的追踪，我认为必须强调"中等收入陷阱"显然是世界范围内一种可归纳、需注重的统计现象，反映着现实生活中无可回避的真问题。这一概念如何细化、变化、精确化，当然应该讨论，直接予以否定绝非科学态度。而且，应进一步强调：立足于当下放眼于中长期经济社会发展，对于艰难转轨、力求在"和平发展"中崛起的中国来说，这是一个关乎其"中国梦"命运的、必须严肃面对的顶级真问题。

我也不太赞成"乐观派"的表述。直观的数据对比工作显然有不可替代的意义，但未来 7 年中国年均 GDP 以 6% 的增速即可达到高收入经济体指标为依据，营造中国跨越"中等收入陷阱"指日可待的"忽悠"氛围，却会模糊甚至掩盖这一历史考验的综合性、严峻性。

我的基本观点更倾向于"谨慎派"，认为要直面"中等收入陷阱"这一全球发展大格局中基于统计现象昭示我们的"中国的坎"，并最充分地重视它，尽最大努力避免它、跨越它。这是我们在历史考验面前应有的"居安思危、防患未然"的战略思维，是在党的十八届五中全会即已指出的"矛盾累积隐患叠加"的潜在威胁之下，必须做出的前瞻安排。充分谨慎、全力以赴地化解矛盾、防控风险，宁肯把困难想得更复杂、更严重，正是大样本中大量的前车之鉴，使中国有了避免重蹈覆辙的明智自省，从而积极防范。

因此，为使我国在已成为"世界工厂"的发展基础上，避免出现中低端竞争不过低劳动成本的发展中经济体，高端竞争不过高科技、高附加值的发达经济体的"夹心"窘境，必须推进供给侧结构性改革，实现新旧动能转换、增长方式转型的高质量发展。

目前，我国拥有联合国编制的 41 个工业大类、207 个工业中类、666 个工业小类的全部行业成分，形成了独立完整的现代工业体系，是全世界唯一拥有联合国产业分类全部门类的国家。但我国现在大量的"世界工厂"产能，主要是居于中游，上游的如美国、德国、日本等一些发达经济体，它们的技术比我们好，但劳动力没有我们便宜；下游的像越南、柬埔寨、老挝这些国家，它们的劳动力比我们便宜，但技术没我们好，产业链也没有我们全。在这种情况下，中国一定要抓住现在的时间窗口，在产业升级的过程中往上游走。如果我们抓住5—10年的时间窗口期，成功地使中国的产业链的内在水平，比较明显地升向高端，我们就会越来越主动。

因此，着眼长远，加快新基建应以构建数字经济时代的关键基础设施，支撑经济社会数字化转型，实现高质量升级发展为目标。具体来说，新基建具有以下特征。一是为万物互联奠定新基础。信息网络高速移动互联正在发展并向传统基础设施渗透延伸，形成万物互联、数据智能的新型基础设施，有利于实现以信息流带动技术流、资金流、人才流、物资流，在更大范围优化资源配置。二是融合引领拓展新空间。新型基础设施支撑数字经济的蓬勃发展，推动数字经济和实体经济深度融合，蕴含巨大的发展潜力。测算表明，部分发达国家数字经济比重已经超过50%；我国数字经济2018年名义增长20.9%，远超同期GDP增速，对GDP增长的贡献率达到67.9%。三是创新驱动打造新动能。以新型基础设施建设为载体，新一代信息技术将加快与先进制造、新能源、新材料等技术交叉融合，引发群体性、颠覆性技术突破，为经济增长持续注入强劲动能。四是转型升级实现新变革。回顾历史，铁路、公路、电网等基础设施支撑了分别以机械化、电气化、自动化为特征的三次工业革命，新型基础设施则将助力数字化、网络化、智能化发展，推动产业结构高端化和产业体系现代化，并将成为战略性新兴产业发展和新一轮工业革命的关键依托。

所以，为抓住新技术革命、新经济的历史机遇，乘势向上追求高质量的升级发展，支撑"数字经济"升级的新基建的重大深远意义便更加凸显——它是以"新经济"推动和引领国民经济高质量发展,形成发展后劲,跨越"中等收入陷阱",实现"新的两步走"现代化目标的重大战略举措。

四、新基建在中国具备大有作为的空间

总体而言,经过改革开放时期,中国已从一个经济总量排在世界10余位、人均国民收入排在世界100多位的落后大国,迅速发展成为经济总量世界第二、人均国民收入进入中等收入经济体上半区(2019年升高至1万美元以上)的新兴市场经济国家。但客观地评价,经过几十年高歌猛进的发展成为"世界工厂"的中国,还未能具备引领世界潮流科技创新的能力和水平,要想从"中国制造"向"中国创造""中国智造"的新境界迈进,必须义无反顾地告别传统的粗放型经济发展方式,奋力发挥"科技第一生产力"的乘数效应,使信息革命前沿的数字科技的开发和运用,逐步上升到世界领先状态。这也是中国主要凭借提高"全要素生产率"而进一步"和平崛起"的必由之路。

以新基建支持这种发展,我国具备大有作为的空间。

——对中国的工业化做总体评价,我们还只是走到了从中期向中后期与后期转变的阶段;工业化进程必然伴随和推进城镇化,国际经验表明告别城镇化高速发展阶段的拐点是70%。考虑到无欠账的"户籍人口城镇化率"仅为44%左右,那么我国真实城镇化水平充其量在50%上下,未来还有20%左右的城镇化快速上升空间,一年上升一个百分点,也要走20年才能达到前述拐点。

——与工业化、城镇化必须紧密结合为一体的市场化、国际化,将

强有力地继续解放生产力，推进工业化、城镇化潜力空间的不断释放，表现为今后数十年内不断追赶与赶超的经济成长性。

——现今时代的工业化、城镇化、市场化、国际化，还必须插上高科技化（通常所说的"信息化"）的翅膀。在奋起直追的超常规发展中，中国再也不可错失新技术革命的历史机遇，在"新的两步走"战略的推进过程中，我们别无选择地必须使高科技化与经济社会发展相辅相成，融为一体，使整个国民经济提质增效。

——千年之交前已启动、在21世纪前20年得到强劲发展的中国高科技产业，以数字化企业平台为代表，已形成令全球瞩目的强势产业集群，如依托数字化平台的BAT、京东、苏宁、美团、顺丰、拼多多等，以及华为这样冲到世界同行业最前线、已走向全球的科技开发型大规模标杆企业。以腾讯公司为例，其作为全球（云计算服务模式之一的IaaS）市场增长最快的云计算厂商之一，目前全网服务器总量已经超过110万台，是中国首家服务器总量超过百万的公司，也是全球5家服务器数量过百万的公司之一；目前已在天津、上海、深圳、贵阳等地拥有数座大型自建或合建数据中心；在过去的一年里，腾讯AI Lab通过"Ai+游戏"与"数字人"探索了人工智能领域两大重要难题——人工智能和多模态研究，并取得显著进步，并在医疗、农业、工业、内容、社交等领域形成了颇有价值的应用成果。但我们也需承认，比照世界上发达经济体的"新经济"发达水平和原创能力，中国绝大多数企业还处于以学习、模仿为主的"跟上潮流"的阶段，比起"硅谷"的"引领潮流"，我们亟须奋起直追。而这一追赶过程中，新经济所应匹配的大量基础设施，就亟须以新基建投资来完成。中国几十年间已形成的较完整的产业链、相当雄厚的原材料和各类设备的供给能力、与全球各经济体十分广泛的合作关系，都将为新基建提供各类必要的配套因素。

五、新基建必须与"制度基建"一体化

全面地看新基建与"制度基建"，绝非"二选一"的排斥关系，但二者又明显是不同性质、不同层次的问题。新基建是物质生产领域里与生产力直接相关、打造经济社会发展中科技引领力、支撑力的投资事项。"制度基建"是制度规则领域里与生产关系直接相关、深化制度安排"自我革命"于深水区攻坚克难的改革任务。按照新供给经济学达成的认知，后者是以有效制度供给，形成以制度创新打开科技创新与管理创新潜力空间的生产力解放，所以与投资建设活动相比较，其更为深刻、更具决定性意义，是推进中国现代化的"关键一招"和"最大红利"。然而，改革就其本身而言还不是目的，促进中国现代化的超常规发展，满足人民对美好生活的需要才是目的。从"抓改革，促发展"的基本逻辑关系来看，在改革解放生产力的进程中，更好地以新基建支持国民经济高质量发展和构建人民幸福生活，才是努力奋斗的归宿。

认清这种关系，现阶段大力促进新基建，当然要充分注重紧密结合改革与机制创新啃"硬骨头"，克服现实中的阻力构建高标准法治化营商环境，切实保护产权，培育契约诚信文化，降低市场准入，鼓励公平竞争，实质性深化政府"自我革命"，引导和推进企业混合所有制的共赢发展和企业家精神的充分弘扬，也要大力推进 PPP 等机制创新。这是新基建和"制度基建"应有的"一体化"推进。

以"制度基建"为依托，打造进一步解放生产力的"高标准法治化营商环境"。2013 年上海自由贸易区成立时，就形成了值得称道、十分

清晰的指导原则，即企业以"准入前国民待遇"为身份定位，适用"负面清单"，法无禁止即可为。让作为市场主体的各类企业在保护产权、公平竞争的环境中"海阔凭鱼跃，天高任鸟飞"，充分发挥其潜力与活力。承担调控、监管、服务之责的政府，则适用"正面清单"，法无授权不可为，而且"有权必有责"，要施行依据权责清单的事前、事中、事后的全面绩效考评与问责制。以上指导原则的贯彻落实，还需要我们在改革"攻坚克难"的实质性推进和上海自贸区模式等其他地区的多轮复制中，逐步达到。

六、民营企业和 PPP 在新基建领域颇有用武之地

我们需要承认，在"互联网＋"式的信息技术应用创新中，BAT、京东、苏宁、顺丰等数字化平台公司在中国脱颖而出、异军突起并影响世界，并不是偶然的。在这类有"颠覆性创新"使命的高新数字科技公司为冲过其发展"瓶颈期"而"烧钱"的艰难过程中，成功率极低，但一旦冲关成功，便可能"一飞冲天"。民企的机制特点，使它们在耐受力、决策特点、市场考验下的可持续性等方面，一般都优于国企。因而在这一领域，终于有几家企业成为"风口上的猪"而扶摇直上成长为巨头。一方面，这促使我们进一步深化认识民企的地位、作用、特色、相对优势和发展潜力；另一方面，也可使我们看清新基建与民企，特别是数字化平台型民企进一步发展的天然联系：信息化新经济在中国，已客观地形成以民企为主要市场巨头而蓬勃发展的局面，新基建将极大地助力信息化新经济的升级发展，由此而打开的潜力、活力空间，自然会为 BAT 和京东、苏宁、顺丰、美团等民企更显著地释放，并助益它们所联系的上、

下游的广大企业（包括国企和民企），特别是为数众多的小微企业（其中基本为民企）更充分地发展。民企的这种获益前景不是单方的，与民企已有千丝万缕的联系（既包括混改中形成的产权纽带联系，也包括业务合作联系）的国企，也一定会从新基建中获益。

还应看到，新基建的实施，更为民企、国企以投资者身份进入项目建设领域，提供了用武之地：为数不少、规模浩大的新基建项目，包括5G、数据中心、人工智能开发中心、物联网等，要一直对接"产业互联网""智慧城市""食物冷链"等大型长周期项目，以及与它们相配套的公共工程建设，投融资要求巨大，那么在应对全球疫情冲击、国家各级财政吃紧（必须"过紧日子"）的制约情况之下，新基建必然要求政府以小部分财力"四两拨千斤"。借助PPP等创新机制，政府对体外资金拉动、放大的"乘数效应"，吸引国内外社会资本、广大企业的资金力量，形成伙伴关系来共同建设。对参与企业而言，也蕴含着难得的投资发展机遇。毋庸讳言，在中国，当地方辖区内的新基建以PPP方式进行时，政府方一般首选的是国企，但中国之大，项目之多，周期之长，决定了国企肯定对这些项目是"吃不完"的，一定会像前些年PPP项目40%以上落于民企那样，许多有实力的民企得到做PPP开发主体的机会——这一大块"用武之地"其实就在眼前。而且，不论是国企还是民企，拿下了某个PPP项目的SPV（特定项目公司）主导权之后，该项目展开中的不少子项目、合作开发项目、业务对接项目，都会既对国企也对广大民企打开合作之门。

总之，不仅新基建的成果会使许多民企受益，新基建还从项目建设开端，这就提供了国企、民企、外企可共享的用武之地，值得地方政府和企业界关注。

七、对新基建直接支持的数字化平台公司的相关认识和辨析

充分认识新基建的意义和作用，还有必要对新基建将直接支持其升级发展的我国数字化平台公司的经济与社会价值，做出相关的考察分析与认知。这至少涉及如下四个大的方面。

（一）关于数字化平台支持新旧动能转换的基本认识

数字化平台属于"信息革命"所带来的"新供给"中的代表性创新升级产物。前述数字化平台令人印象深刻的经济价值与社会价值，按照新供给经济学的认识框架，都是供给侧要素组合中"全要素生产率"概念下形成强劲新动能、支持经济社会创新发展的体现。生产力层面，包括劳动对象、劳动工具以及劳动者的关系，加入了信息革命贡献的科技成果应用带来的"乘数效应"，体现的是"科学技术是第一生产力"。其内涵就是人利用科学技术对传统生产要素的重新组合实现新旧动能转换，而且包含了新旧要素融合的过程。数据作为新的生产要素，与劳动、资本、技术等相融合，形成了技术升级、新的商业模式以及新的业态，从而扩大了新动能和新的有效供给能力。

在中国现代化追赶过程中，新旧动能转换需要有对"守正出奇"超常规发展战略的正确把握。这必然涉及一系列特定制度与机制的安排，极为关键的是其在解决一系列冲破既得利益阻碍、攻坚克难的问题的同时，使数字化平台这种代表新生产力、新供给能力的新事物，能够在中国脱颖而出，超常规生长壮大，进而支持中国实现超常规发展的现代化宏伟事业。中国的数字化平台发展中表现出全球实践中的先行、卓越特

点，要归功于中国改革开放所形成的创新发展基本面，促成了中国大地上数字化平台的"后发优势"和为全球所称道的强劲成长力。具体来说，在经济组织制度及体制机制优化调整中，产业革命进程有望在社会主义市场经济之路上，继续得到供给侧结构性改革的激励与引领，打开新旧动能转换的新局面，实现高质量可持续的现代化成长。

（二）关于通过数字化平台实现"超常规的社会福利"的新认识

传统平台的经济社会价值主要体现在企业本身的利润、就业以及单一产业链的创造方面，而数字化平台除了能创造同样的价值外，在"创造性破坏""颠覆性创新"的驱动下，还可超常规化扩大社会福利。以阿里巴巴为代表的中国数字化平台，可以使中国中心区一些科技精英、金融精英支持的"风口上的猪"式的成功创新，迅速地造福欠发达区域的底层社会成员。草根层面的创业创新，也能很快被带起来。这种连带效应在地域上会迅速扩展，并且带有超常规的特点。于是它在普惠和扶贫、减贫的方面所表现出来的机制上的贡献，和已经形成的非常明显的正面效应，又和中国仍然有巨大发展空间的前景结合在一起，使共享经济的发展为社会带来超常规的福利与"正的外部性"。

以阿里巴巴为代表的数字化平台在支持农村区域发展方面已体现了巨大的"社会福利"。以"淘宝村"为例，改革开放以后，中国实现快速工业化，在城市化进程中，出现了一系列农村问题，如劳动力长期持续流失，农村老人、妇女、儿童等"留守""闲置"现象与农村经济发展滞后并存。电商平台的发展，打破了空间限制，将农村的传统劳动与现代城市生活联通，使大量农村留守劳动力加入创业者的行列。同时，电商平台不仅改善了低端市场，也在逐步改变中端、中高端，在提升消费者

"用户体验"上，现在还在发展。"电商"已不是纯粹的电商，因为线上线下正在结合。"线上线下结合"的一些创新场景，比如两家大公司的线上线下结合的超市，在居民住地3公里半径内就能持续享受到中高端的服务——五星级的最新鲜的三文鱼、最高品质的龙虾等，以中端的价位手机或电话下单，30分钟之内可按用户要求送到指定的场所。这种开拓性创新探索，体现了数字经济时代科技创新所带来的普惠发展。

（三）关于以民企为主流代表的数字化平台发展的新认识

现阶段，中国代表性的数字化平台，如阿里巴巴等，从股权结构来说，显然还是民营企业。民营企业为什么在电商这个新技术革命领域里，能够引领潮流？放眼看去，中国成功的BAT、京东、苏宁、美团、拼多多等，没有一家是国企。这个现象值得研究者进一步认识。我们不否定国企在另外一些领域里可能有相对优势，但是已有的统计告诉我们，在新经济领域的突破，国企明显不具有相对优势。国企为什么在这方面没有亮眼的表现值得进一步分析认识。不可否认，国企、民企各自有相对优势和相对劣势，发展的"共赢"之路是混合所有制改革。考虑到中国的发展前景，一定要特别注意"竞争中性"原则，而此概念也必然引到受人批评的"所有制中性"上。这在逻辑上其实是一个概念——在所有制上不应再有传统思维里的一些实际的歧视。习近平总书记已把民营企业称为自己人。现阶段宏观政策中所强调的"高标准法治化营商环境"，确实非常关键。这也紧密关联着新供给研究中强调的有效制度供给龙头因素。把这个高标准法治化营商环境在中国坚定不移地做好，就必须重申李克强总理当年观察微信的时候说的话，"不要着急，审慎包容，要再看看"。看的结果，就看出了一片新天地。政府有的时候不是"要出手"

的问题，"不出手"往往是政府最好的尽责。

（四）关于数字化平台"寡头垄断"的新认识

在传统工业时代，少数生产厂家或供应商在市场竞争中形成"赢家通吃"的现象，被称为"寡头垄断"。经济学视角下，寡头垄断表现为少量供给主体或单一生产者对产品、市场、消费者群体乃至交易价格的排他性控制，通常会损害社会的创新活力、经济绩效和总福利。但在"数字化"经济时代，我们需要重新认识在数字化平台经济价值分析中所涉及的"寡头垄断"局面。科技创新成果应用，在社会的评价中已经有了"颠覆性"的说法，一般人很难想象出这种超常规发展和它迅速改变商业模式和相关经济社会生活的效应。

但在新供给经济学的分析框架中，已特别强调，新的发展中这种直观的"寡头垄断"现象之后跟出来的新现象新概念，需要在理论上做进一步的分析认知。而且这种认知的结论也带有某种"颠覆性"的特点：政府管理部门已经注意到了，现在这种直观看到的"寡头垄断"，跟过去概念上的"寡头垄断"有明显不同。原因在于这样由一系列数据表明的超常规发展、爆炸式的发展，带来了特别造福于经济社会的效应，就是共赢的效应。一般来说，数字化平台所形成的"寡头垄断"现象，主要表现为使用者、流量等需求侧资源的竞争，并且由于数字产品所产生的网络效益更具规模经济特性，似乎更容易进入"赢家通吃"的市场格局，但事实一再证明，少量数字化平台公司迅速崛起成功后，作为赢家并不通吃，而是会带出大量中小微企业作为"长尾"跟随"头部"的共赢。原因是数字产品中所蕴含的数字技术的广泛扩散，需要尽可能多的中小微主体形成利益一致的生态圈，同时"数字寡头"也需要持续创新来维

第二讲 新基建：既是当务之急，又是长远支撑

059

系其市场头部地位，正如现实经济实践中互联网平台白热化的技术竞争。因此，数字化平台形成的垄断竞争是动态的、可持续的，这种状态正好弥补了传统经济学意义下的市场失灵问题，从而促成了市场竞争的不断交互式升级发展和更为广泛的多方参与、共存共荣，既显著提高了资源配置的效率，又通过技术不断创新拓展了市场容量，进一步形成从经济价值层面向社会价值层面的升华。

八、地方政府必须"守正出奇"：力求辖区供给侧改革形成高水平定制化方案

既然新基建的意义和作用非同小可，那么地方政府理所当然地会形成对新基建及相关配套发展方案的高度重视。

不同城市、不同地方政府辖区发力新基建，既要掌握贯彻中央精神的一致性，又要充分考虑各地"因地制宜""因城施策"的差异性，力求在共性与特性正确结合的处理中，"守正出奇"地有所作为。其实，这正是中央所强调的实现现代化治理和打造现代化经济体系的主线——"供给侧结构性改革"的真谛。在原来强调总量为主的"反周期"需求管理的阶段上，各地决策更多是跟着流动性（银根、财力）松或紧的宏观调控走，本地结构性问题的处理虽然不容回避，但并未清晰地总结到纲领性的调控理念上。现今作为主线的供给侧改革，更多是需要正面展开形成高水平定制化解决方案的，是供给侧结构性问题。既包括当地深化改革要"啃硬骨头"的制度结构问题，也包括当地生产力布局、产业集群培育等产业结构问题，以及一系列涉及民生、社会管理的收入分配的结构问题，客观上要求"一城一策""一地一策"地形成高水平定制化的通

盘解决方案。其原则要领应是"规划先行，多规合一"，以及各局、委、办视角的经济社会发展规划、产业与生产力布局规划，城市与乡村空间利用和建设规划、公交体系规则、环境保护规划、商业与服务业发展规划等，需要打通而有机结合、相得益彰。这一套系统工程式"顶层规划"需要覆盖本辖区所有改革、发展、稳定事项的定制化解决方案。其水平如何？能否在历史性检验过程中交出高分答卷？这是必然延续的中国"地方政府竞争"中无法回避的重大事项。其中的基本要领，我认为是把"有效市场"与"有为、有限政府"成功结合的"守正出奇"，以实现超常规高质量"追赶—赶超"现代化发展战略。

各地情况千差万别，不可能找到一个"通用模式"来套用。制订本地的高水平定制化解决方案，应积极吸引专门人才提供智力贡献，"引入外脑支援"，即以课题研究、国内国际专家论证等方式"购买智力服务"为我所用。

同时还应提到，在各地注重以新基建为重要内容的"定制化解决方案"中，新基建、老基建的关系需处理好。在不少场景下，概念上可区分的这两类基建必然发生重叠和协调呼应的问题。试想，已在加快发行进度并显著扩大总规模的全部地方专项债资金和 2020 年发行的抗疫特别国债可用资金的一部分，对应的项目是公共工程、基础设施等。如说这些公共工程、基础设施里面，完全是旧基建，那可未必，有些新区、增长极区域，在原专项债项目上就已包含新基建的内容了。那么在扩大政府筹集资金规模以后，更多的重点，会放在主打新基建这个支持我们高质量发展、升级发展的投资事项上。也不能说它一点都不涉及老基建，因为这些新基建可能在物理形态上跟旁边的传统基建是打成一片的。比如，我们设想，中央强调的支持 5G 的这样一套硬件设施的建设，它集中在一个新的开发区，这里面还有数据中心，还有其他的人工智能开发中心等，这都叫新基建。但是这个开发区一旦成了气候，周边的房地产是不是会顺应进入一个跟着向上的发展过程？一般配套的房地产，以及架桥、修路等，被认为是老基建，但不能否定它们具有重要的不可缺失的配套作用。资金上不可能截然划开，专项地方债就只做老基建，特别国债就只做新基建，做不到这样截然分明。新基建投资可能会带动周边的一些项目跟进，跟进的时候也不排除调剂使用、结合使用，有的时候是拼盘项目，有的时候是打包项目，这些事情总体来说形成一定的重点，在各个具体的场景下需要一定的协调配合，甚至是相互渗透，相互融合。

邬贺铨

中国工程院院士

第四讲

5G产业技术与
应用发展及挑战

移动通信已经渗透到社会生活的方方面面，5G 更是扩展到产业应用，对经济社会发展的影响越来越重要，成为高技术的制高点之一，中国在 5G 技术与产业方面的进展受到国际关注，我国 5G 产业发展机遇与挑战并存，创新永远在路上。

一、移动通信技术的发展

1. 从 1G 到 4G

中国从 1987 年开通第一代蜂窝移动电话（1G）到现在才 30 余年，移动电话普及率已达 113.9%，而且移动通信终端已成为人们随身携带的最常用物品。回首 30 余年前的 1G，使用模拟技术，蜂窝小区将一个频段划分为多个载频，以此来区分不同用户，即多址方式为 FDMA（频分多址），那时的手机俗称"大哥大"，如砖头般大小，无屏幕，只能打电话，因价格昂贵而成为一些人炫耀的工具。1994 年伴随中国 2G 的开通，移动通信进入数字时代，GSM 是 2G 主要制式，在一个载频内按时分复用技术划分为多个时隙，每个时隙传输一路信号，即 TDMA（时分多址）方式，提升了蜂窝小区支持用户的数量，手机带有屏幕可显示电话号码与短信，不过当时的短信是在信令信道传送的，信息量有限。2007 年中国发放 3G 牌照，3G 引入分组通信技术，采用 CDMA（码分多址）方式，在一个载频中支持多个互为正交的码道，各自承载一路用户信号，分为欧洲提出的 WCDMA、美国提出的 CDMA2000 和中国提出的 TD-SCDMA 三种标准，欧美的标准基于 FDD（频分双工）模式，中国的标准首次在移动通信中使用 TDD（时分双工）模式。FDD 与 TDD 的区别是同一用户的来去信号分别位于不同频率还是同一频率，FDD 模式的上

科技前沿：领导干部必修课

下行各占一个载频，TDD 模式将同一载频内的时隙分为两组，分别对应上行与下行。3G 开启了移动数据通信时代，伴随 3G 出现的智能手机实现了导航定位、照片传输、微博、微信和移动电子商务等功能。2013 年中国 4G 商用，采用 OFDMA（正交频分多址）方式，将频域、时域和码域多维复用结合，显著提升频谱效率与小区容量及宽带能力，开启了宽带移动通信时代，峰值速率达到 100Mbps 量级，用户体验数据传输速率为 10Mbps。4G 又称 LTE（长期演进），按照双工方式分为 FDD-LTE 和 TD-LTE 两种标准。4G 采用全 IP 体制，更适于支持数据通信的应用，迅速带热了移动支付、O2O（线上线下联动）和短视频等新业态。

2. 5G 的技术特征

移动通信的发展基本上是 10 年一代，每一代的峰值速率是上一代的 1000 倍。5G 的设计目标除了比 4G 有更强的带宽能力外，还将一直以来移动通信面向消费的应用扩展到面向产业的应用，瞄准对工业互联网和智慧城市的支撑。因远程医疗、车联网和工业互联网等对时延与可靠性十分敏感，5G 的重要特征就是高可靠低时延性能。5G 在 OFDMA 的基础上，开发了超大规模天线和密集组网等多项无线技术，发展了云化、虚拟化和网络切片等多项网络技术，实现了增强移动宽带、高可靠低时延和广覆盖大连接的能力。与 4G 相比，频谱效率提升了 3 倍，用户体验数据传输速率提升了 10 倍，达到 100Mbps，移动性从时速 350 公里提升到 500 公里，无线接口延时从 10 毫秒下降到 1 毫秒，支持最高可靠性达到 99.9999%，连接密度提高了 10 倍，达到每平方公里 100 万个连接，能效与流量密度均提高 100 倍。除了无线技术，5G 在核心网方面也有很多创新，网络切片是其中之一，为了适应各种业务对带宽、时延、运动速度、可靠性的不同需要，通过对网络资源的编排为每一种业务针对性建立一个切片，即组织与其服务质量要求相匹配的逻辑信道，就像在马路上为早晚高峰时段的公交车划出专用车道。

2019 年中国成为首批 5G 商用的国家之一，5G 网络建设之初就遇到突如其来的新冠肺炎疫情，5G 正好满足了超清视频传送、远程医疗、云课堂、云会议、云办公等应用的需要，与 4G 相比用户体验更好，5G 的能力得到了一次很好的展示。现在中国加大新基建的部署，新一代信息基础设施成为新基建的重要支柱，5G 由于具有支撑经济高质量发展的引擎作用成为首选。

二、5G 载物上云融智赋能

1. 5G 与物联网及云计算等技术的融合

"4G 改变生活，5G 改变社会"概括了 5G 的影响。5G 说到底还是移动通信技术，主要完成无线数据的传递作用，为什么对智慧社会有如此重要的影响呢？这不是 5G 的一己之功，但也非 5G 而不可为。5G 起到通信平台或纽带作用，将物联网、云计算、大数据、人工智能（AI）和区块链等新一代信息技术（IT）融合在一起，还可以进一步融合工业生产技术（OT），5G 的超宽带、低时延、高可靠和大连接，使这种融合无缝化，从而使用户有实时性的体验，这是 4G 做不到或做不好的。5G 载物上云融智赋能，凝聚新一代信息技术，成为驱动社会进步的新动能。

5G 的高带宽和高流量密度（每平方米 10Mbps）适于支持移动多媒体业务。[1] 超清电视的出现为移动多媒体业务提供了清晰度等方面前所未有的体验。现在家用数字电视机基本都是高清电视，像素为 1920×1080，即 2K 分辨率。4K 和 8K 超高清电视，像素分别为

4096×2160 和 7680×4330，即分辨率分别是高清电视的 4 倍和 16 倍。8K 与 2K 相比，不仅分辨率提升，帧率从每秒 25 帧提升到 120 帧，每像素的编码位数从 8 比特增加到 16 比特，色域也显著扩宽。这些性能的提升需要增加传输带宽来支撑，4K 电视就需要 100Mbps 带宽，这就需要 5G 来支持。5G 的应用将是冬奥会的一个亮点，5G 可满足高速运动项目信号传送，例如时速可达 250 公里的高山滑雪运动的超清转播。在体育比赛实况直播中 5G 可以同时将多个摄像机位信号传出来供选看，还可以用 AI 技术还原全景视频，让场外的观众身临其境多视角观看。5G 扩展了超清视频的应用场景，工信部等部门预测到 2022 年中国超清视频产业规模将超过 4 万亿元。[2]

5G 激活了 VR/AR/MR（虚拟现实／增强现实／混合现实）的发展。高质量的 VR 峰值速率需要达到 1Gbps，端到端时延要小于 7ms，以免产生眩晕感，5G 与边缘计算的结合可解决因带宽不够和时延长所带来的图像渲染能力不足、终端移动性差和互动体验不强等痛点。华为发布的全球产业展望 GIV@2025 预测，2025 年全球 10% 的企业将使用 VR/AR，用户数将达 3.37 亿。[3] IDC 中国 2019 年报告预测，到 2023 年中国 VR/AR 市场规模将达 650 亿美元。[4]

5G 上云赋能。传统视频会议、游戏、数字创意产业、工业协同设计等应用对终端有很高要求，终端需下载核心程序，还要完成渲染与计算，对算力和内存要求高。现在普通终端通过 5G 高带宽低时延传输，借助云端服务器运算和渲染能力，无须下载安装，即插即用，体验流畅。特别是伴随 5G 发展的边缘计算，分担了部分中心云的功能，实现了对时延敏感数据的就近处理与快速响应。前述 VR/AR 都需要调用云端的应用内容与程序的支持。5G 上云的应用领域很广，据咨询公司预测，中国在线教育市场 2022 年将达到 3102 亿元 [5]，云游戏市场 2023 年将近 1000 亿元 [6]，中国视频云（包括基础设施与解决方案）市场在 2024 年将达到 222 亿美元 [7]。

5G 促进物联网（IOT）的发展。5G 将物联网从 NB-IOT（窄带物联网，信道能力 20kbps 或 250kbps）扩展到宽带 IOT（100Mbps）和 MIOT（每平方公里 100 万连接）。而且物联网感知的数据通过 5G 低时延直接上云，得到大数据分析与人工智能决策及实时反馈控制，实现了 IOT 与 AI 无缝融合，AI+IOT=AIOT（智联网）。另外，将 AI 芯片和操作系统嵌入超高清摄像头、机器人和无人机等物联网模块，相当于边缘计算能力下沉到物联网终端，从而实现前端智能处理。AIOT 模块还可嵌入区块链能力，保障物联网设备接入认证、数据加密及设备控制授权安全。5G 与区块链的融合将万物互联发展到万物智联再到可信泛联。

5G 成为工业互联网的重要平台。企业生产车间内联网的数控车床、仪器仪表、DCS（分布控制系统）、PLC（可编程逻辑控制器）及传感器采集的数据通过企业内网传送到企业数据中心，经边缘云或企业云处理，通过 AI 决策执行相应的工控程序。基于光纤的企业内网具有高带宽能力，但考虑到机器人、无人机、物料小车和生产线上的工件不是固定的，因此企业内网同时需要采用无线技术，5G 的高带宽低时延成为企业内网无线技术的首选。企业内网的 5G 可以是公众网中以网络切片方式为企业提供的虚拟专网，大企业也可以申请专用频率自建 5G 专网。

2. 5G 融智赋能的应用

5G 作为一个无线通用平台，其特点是能够将上述云计算、超清视频、VR/AR/MR、AIOT 和工业互联网融合起来，从而在实际应用中扩展了广度与深度，以下介绍一些典型的应用。

云上教育。疫情期间云课堂和云视频等应运而生，在腾讯会议视频平台上日活跃用户超千万，在阿里钉钉平台上网课的学生达1.2亿。为了让居家学习的学生更直观地了解课文的内容，教师用5G手机拍下课本上的文字或图画，通过上云可自动搜索并将帮助理解课文的动画或视频下载到手机上。一些企业在疫情期间免费上线了海量的教育课程，包括VR课件，涵盖了中小学教育、高等教育、职业教育、素质教育、通识教育、心理健康等多个领域，丰富了在线教育的参与感。云上教育在产业上也有很好的应用，铁总南昌机务段利用5G+VR模拟行车场景来培训高铁司机。

云上文旅。在博物馆戴上5G+AR眼镜，可近距离接触虚拟化的展品，实现所见即可知，甚至有穿越到古代的感受。在旅游景点内戴上5G+AR眼镜，相当于有一个随身导游，可听到关于风土人情与历史典故的介绍，如果戴上5G+VR头盔，还可还原所处历史场景，身临其境感受刀光剑影或歌舞升平。重庆长江索道被誉为"万里长江第一条空中走廊"，戴上5G+VR头盔，比实地乘坐长江索道更惊险、刺激。现在利用5G上云可实现异地协奏，虚拟地与歌手同台演唱。

电商体验。疫情期间知名电视主持人直播带货，帮助受疫情影响的地区销售农副产品，取得很好效果。利用5G结合云上AR技术还可以改进电商体验，例如，买家用5G手机在电商平台上选好服装，然后用该手机自拍全身正面照和侧面照并注明身高，利用云端的AI能力和AR技术，手机上便可出现买家虚拟穿上所选服装的视频，还可更换颜色、规格和款式，5G手机变身虚拟试穿镜。

远程医疗。疫情期间，隔空B超、远程CT和视频会诊得到大量应用，5G因能提供高清晰医疗影像资料的低时延传送而受到重视。新冠肺炎患者的确诊主要依据是核酸检测呈阳性，但评估其严重程度还需要胸部 CT 来辅助。通过 AI 技术可以将 300 张患者双肺的 CT 照片合成为一个 3D 的肺，便于医生诊断。通过收集大量新冠肺炎患者的医学影像资料，基于 AI 技术与医生经验的结合可开发出新冠肺炎 CT 智能诊断系统，新冠肺炎感染者的 CT 数据通过 5G 上传到云端系统，可对病灶形态、范围和密度等关键影像特征进行定量和组学分析，5 秒内可给出评估意见，供医生决策。据华为发布的报告，全球 2025 年智慧医疗市场将超过 2300 亿美元。[8]

机器视觉。智能诊断的主要应用领域是在生产线上，据前瞻产业研究院报告，我国每天用目测方式检查产品质量的工人共计 350 万人。[9]现在将生产线上工业高清视频经过 5G 上传到边缘计算或中心云，基于 AI 与预存的合格和不合格产品的视频图像比对和分析，机器视觉的质检准确度远超过人工，5G 的低时延保证了在高速生产线上质检的实时性，大大提高了检测效率。华星光电公司与腾讯合作，对液晶面板海量图片进行快速学习与训练，实现机器自主质检，分类识别准确率为 88.9%，节省人力 60%。上海商飞公司建成了全球首个 5G+ 工业互联网园区，仅以飞机尾翼复合材料敷设质量检测为例，敷设过程的视频通过 5G 上传到腾讯云与树根互联合作打造的"根云"平台，经过 AI 分析，检测时间从 2 小时缩短到 5 分钟。[10]杭州汽轮机集团与浙江移动合作打造 5G 三维扫描建模检测系统，通过激光扫描技术精确快速获取产品表面三维数据并生成三维模型，通过 5G 网络实时将测量模型送到云端与原始理论模型快速比对，使得检测时间从 2—3 天降低到了 3—5 分钟，缺陷检测记录还可用于辅助缺陷源追溯，显著提升效益。[11]青岛港通过 5G 将机器视觉用于吊车，实现毫秒级时延和精准定位的远程操控、在全球港口中首次从码头卸船到陆侧的智能全自动收箱作业，工效提高了 30%，工作人员减少了 70%。[12]

工艺优化。天合光能公司生产光伏电池，阿里巴巴通过研究光伏电池的业务流程和制作工艺，构建出数据分析模型，找出丝网印刷环节的关键，优化后 A 品率提升了 7%，年利润将增数千万元。[13] 苏州协鑫公司为全球最大的光伏切片生产商，该公司利用工业大脑从上千个生产参数中找出 60 个关键参数，优化生产流程，使良品率提升了 1%，每年可增加上亿元利润。[14] 杭州中策公司年产 5000 多万个轮胎，市场位列全球前三，每天从全球采购千吨橡胶块，引入工业大脑后，混炼胶平均合格率提高了 3%—5%，年增千万元级的利润。[15] 在上述应用中，5G 可以保证生产线上实时收集的数据第一时间传到工业大脑，完善 AI 的算法与决策，实现对生产工艺的不断优化。

辅助装配。江铃汽车集团的工人从配戴的 5G+AR 眼镜获得虚实叠加的操作指示，装配效率提高了 40%，而且出错率降低了 72%。[16] 上海商飞公司为飞机总装线上工人配备 5G+AR 眼镜，引导工人准确地进行机身内电缆线的连接，而过去需要老经验的工人对着图纸细心连接，还需要配备一人监督以防出错。

数字孪生。借助安装在物理对象上的传感器数据和仿真手段获得在运行工作中的装置的实时状态和性能等参数，通过 5G 将这些实时数据传到网上的镜像（孪生体），与预存的正常数据比对，可用于预防性维护。据 IDC 预测，到 2020 年，全球 2000 强企业中的 30% 将利用数字孪生数据提高产品创新能力和企业生产效率，企业的收入将提高 25%。[17] 例如，通用电气将数字孪生技术用于风力发电维护后，效率提高了 20%。

机器换人。疫情期间，配有高清摄像头并通过 5G 上云的机器人承担了部分问诊咨询、送药送餐、清洁消毒、医疗废物处理等工作，大大降低了交叉感染的风险。今后机器人会越来越多地被应用，特别是工作环境恶劣、危险、劳动强度大或重复单调的岗位。5G+8K+边缘计算会使机器人反应更敏感，甚至还可以模拟人的动作自主编程，但对于复杂的动作还是需要配置算力很强的机器人大脑。为了降低机器人的成本，可将机器人大脑置于云端，通过5G集中控制一批四肢发达、头脑简单的机器人，不仅节省投资而且可实现对一群机器人的协同控制。旷视公司用500台机器人在4万平方米的仓库中协同作业，刷新了集群作业的行业纪录。[18]京东"无人仓"存储效率是传统货架的10倍以上，机器人分拣速度是人工的5—6倍。[19]华为GIV@2025预测到2025年全球每万名制造业员工将与103个机器人共同工作。

智能巡检。配备激光雷达的无人机将大量应用于基础设施、风电场、电力线和生态环境的密集巡检，激光雷达扫描将产生200Mbps数据量，需要使用5G来传输。另外，搭载热成像仪的无人机还被用来监测天然气管道泄漏与预防森林火灾。

智能交通。汽车装上雷达等各种传感器可以获得车内和周边的物体及交通信号状态，但还需要有V2V（车到车）、V2I（车到路）、V2N（车到网络）和V2P（车到行人）的通信能力才能构成比较完整的智能网联交通系统。考虑到自动驾驶和传感器共享场景，通信时延应不高于3ms，传感器共享场景要求带宽1Gbps，可靠性要求99.999%，目前只有5G+边缘计算可达到这一要求。虽然自动驾驶在城市开放路段使用还有技术、成本和法规等多方面的挑战，但在矿山已有成功的案例，解决了危险路段的安全驾驶问题。华为GIV@2025预测，到2025年这种5G车联网的技术会嵌入全球15%的车辆。麦肯锡估计到2025年车联网每年将挽救 3 万到 15 万人的生命，减少废气排放 90%，到 2030 年汽车共享、互联服务等衍生的全新商业模式将使汽车行业收入增加 1.5 万亿美元，这一收入规模与现在全球汽车产业是可比拟的。[20]

智慧矿山。山东移动与华为及山东莱西金矿合作，在井下 500 米实现 5G 全覆盖，成功开通无人驾驶电机车运输系统，在国内首次实现 5G 井下部署应用，还计划拓展到铲运机、凿岩台车的远程操控和自动驾驶及无人巡检安防、井下人员与装备的定位等应用，打造集地下开采、选矿和金精矿销售等一体的数字化、信息化、自动化智慧矿山，实现减员增效安全生产。中国移动还与包钢集团联合在白云鄂博矿区实现了多辆重型卡车的无人驾驶编组作业，平均每年每车可节约成本超 100 万元，卡车行驶速度也由每小时 15 公里提升至 35 公里，综合生产效率提升25% 以上。[21]

智慧农业。5G 的大连接特性可接入大量高精度农业传感器（土壤温湿度、墒情、酸碱度和养分等传感器），基于 AI 可判断土壤状况及作物生长状况。带摄像头的无人机航拍并通过 5G 传到云端供 AI 分析，可为农场提供种植面积测算、作物长势监测、生长周期估算、产量预估和病虫害预警等服务。无人机载 5G+8K 摄像头可以沿河流监视洪灾情况，结合地形地貌和水文大数据分析，指导抢险救灾。

3. 5G 成为数字经济新引擎

移动通信已经广泛渗透到社会生活与经济领域，世界移动通信联合会（GSMA）从移动运营商、相关产业、间接影响和劳动生产率四方面分析，得出 2018 年因移动通信生态带来的经济附加值占全球 GDP 的4.6%，其中劳动生产率提升的贡献占 GDP 的 2.7%。[22] 移动通信在 5G 时代将对经济发展产生更大影响。5G 作为纽带可将各种新一代信息技术集成，并为信息技术与生产制造技术融合提供支撑平台，推动垂直行业数字化转型，从而实现提质增效。国际知名咨询公司IHS预测，2035年5G将带动全球产品与服务收入增加13.2万亿美元，对应经济增加值为3.6万亿美元，即当年GDP的7%，并新增2230万个就业岗位，中国因5G在2035年GDP将增加1.13万亿美元，新增1090万个就业岗位。[23]中国信通院的报告预测，2020—2025年，5G累计直接和间接带动经济增加值分别为3.3万亿元和8.4万亿元，并新增300万个就业岗位。[24]

三、5G产业发展的基础与挑战

1. 我国移动通信产业发展历程[25]

1G时代我国的手机、基站和交换机等都需进口。在国家攻关计划支持下我国科研单位曾经研制出1G手机，但未等成为产品2G就商用了。2G的移动通信设备与手机仍然是国外品牌，只不过很多是国内合资企业生产或国内贴牌生产。中国从2G商用到3G商用的13年间跟随发展起来国产的交换机、基站与手机，但市场仍然由国外品牌主导。

1998年ITU（国际电信联盟）征集3G标准，我国电信科学技术研究院提出了TD-SCDMA（时分同步码分多址）标准提案，该院有开发SCDMA无线接入系统产品的经验，将SCDMA使用的智能天线技术首次用到移动通信上，而且将移动通信一直以来使用的双工模式从FDD改为TDD，提高了频谱利用率。具有自主知识产权的TD-SCDMA得到我国政府主管部门的支持，随后通过国际标准化所需的仿真评估等环节，于2001年3月正式被3GPP（国际移动通信标准化组织）批准，与欧洲主导的WCDMA和美国主导的CDMA2000并列为全球3G三大标准，实现了我国百年通信史上"零的突破"。

从 3G 提案到被认可为国际标准用了将近 3 年时间，从标准到产业与应用之路更长也更难。很多外企对 TD-SCDMA 标准的态度是不信任和不支持，希望 TD-SCDMA 止步于标准阶段。国内反对 TD-SCDMA 的声音也不少，认为中国采用外国产品建成了全球最大的 2G 网络，3G 时代也应继续使用成熟的外国标准产品，中国能提出一个国际标准就可以了，根本不需要也没有能力打造一个新的移动通信产业。从研发到产业确实必须跨越很高的门槛，我国开发 TD-SCDMA 产品有一段时间只能孤军奋战。在国家科技项目支持下，特别是主管部门通过 3G 牌照发放指定中国移动建设 TD-SCDMA 网络之后，产业链上下游积极响应，TD-SCDMA 实现了国内三分天下有其一的局面。由于国外对 TD-SCDMA 的抵制，我国不得不从系统、终端、芯片、软件、仪器仪表等全产业链做起，这也为我国移动通信工业体系的建立奠定了基础。尽管如此，社会上仍然有人认为中国不应该发展 TD-SCDMA，理由是它对宽带应用的支撑能力比不上 WCDMA。当年在制定 TD-SCDMA 标准时对宽带化的需求估计不足，定义的载波带宽相对较窄，本来这可以通过载波聚合的方法来解决，但因我国很快就启动 4G 商用，因此没有对 TD-SCDMA 进行升级。不过后续 4G 和 5G 的发展充分说明 TD-SCDMA 是我国移动通信技术创新的转折点，对我国移动通信产业发展起到基础性支撑作用。

我国基于 TDD 模式在 4G 时代提出了 TD-LTE 方案，并再次成为国际标准，与欧洲提出的 LTE FDD 标准平分秋色。国家新一代宽带无线移动通信网科技重大专项对于引领 4G 研发起了重要作用，明确同时打造创新链与产业链基础，在设备研发的同时着力国际标准化贡献与自主知识产权的形成，坚持以网络考核系统，以系统考核基站，以基站考核终端，以终端考核芯片和仪表，促进产业链上下游的协同。4G时代，华为和中兴成为全球领先的移动通信设备供应商，我国手机企业成为全球市场主要供应商，中国移动、中国电信和中国联通也走在全球运营商的前列。在这一时期，我国建成了全球最大的4G网络，仅TD-LTE基站数量就远超过了美国与欧盟的4G基站数量之和。

　　基于4G打下的基础，我国成为5G国际标准的主要贡献者。现在5G的主流技术就是TDD模式，我国在TD-SCDMA时期就开始使用的智能天线的实践经验也有助于开发5G大规模天线这一关键技术。截至2018年3月，我国提交的5G国际标准文稿占全球的32%，牵头标准化项目占比达40%。德国专利数据公司IPlytics报告显示，截至2019年4月，在5G标准的必要专利（SEP）数中，中国企业占全球34%，领先于其他国家，其中华为一家企业就拥有15%，居全球企业之首，进入SEP前10名的中国企业还有中兴和电信科学技术研究院。2020年虽然遭遇新冠肺炎疫情的影响，但中国5G网络建设仍按计划进行，预计到2020年年底中国将建设65万个5G基站，5G网络将实现地级及以上城市室外连续覆盖，县城及乡镇重点覆盖、重点场景室内覆盖。而且年底前我国将在全球首次实现5G独立组网的大规模部署，而其他国家仍然采用非独立组网，即核心网还是4G，除了有宽带能力外因没有网络切片等功能故无法支持高可靠低时延的应用。全球移动通信行业协会GSMA大幅调高对中国5G建设目标的预期，到2020年年底我国5G的连接数将占全球5G连接数的70%，到2025年5G连接数将占到国内全部移动连接数的47%。按照工信部公布的数据，2020年6月底我国5G套餐用户超过1亿，其中使用5G手机的用户近70%。

中国自主的移动通信产业是从 3G 开始的，中国 3G 和 4G 的商用分别比发达国家晚了将近 7 年和 3 年。中国虽然不是第一批使用 3G 和 4G 的国家，但也对全球 3G 和 4G 的发展做出了重要贡献。因为中国的商用，迅速拉升移动用户数，手机价格因中国的用户规模而大幅下降，又因更多的用户用得起移动互联网，中国成为全球移动互联网最活跃的国家。

我国移动通信产业发展历程可以用"1G 空白、2G 跟随、3G 突破、4G 并跑、5G 领跑"来概括，从空白的移动通信产业发展为移动通信制造大国、移动通信应用大国，我国移动通信产业的发展是在一个开放竞争的市场通过创新走向全球的成功范例。

2. 从移动通信大国到移动通信强国的挑战

5G 有一个很长的产业链，包括芯片、终端、基站、天线、网络、芯片设计的工具软件、芯片代工线、仪器仪表、操作系统，以及 APP 等。我国在网络和基站等方面领先优势明显，但终端及芯片的核心技术上对外依存度很大。

2.1 5G 芯片及其生产技术

数字经济从"芯"开始。从 2014 年起，中国进口集成电路始终居于海关进口商品金额的第一位，2018 年全球集成电路销售额 4688 亿美元，中国进口 3120 亿美元，占全球集成电路产值的 2/3，2019 年进口 3055 亿美元的芯片[26]，与 2018 年基本持平。进口芯片用于代工国外品牌产品与国内自行设计的产品约各占一半。

芯片是移动通信产品的核心竞争力。从 2G 时代美国高通公司就是手机芯片的霸主，一直利用其掌控的 CDMA 和 OFDMA 的专利，制定与芯片销售捆绑的苛刻专利授权条件。[27] 使用高通芯片的终端厂商除了要交纳 50 万美元固定授权费外，还要按终端整机售价的一定比例交纳专利费，对于标准核心专利，这一比例对单模与多模手机分别为 2.275% 和 3.25%（如果加上高通非核心专利，则分别是 4% 和 5%）。此外，手机企业的相关专利要免费反授权给高通，且不得利用这些专利来起诉高通的其他客户。高通专利收入与芯片销售收入比例约为 3∶7，利润则为 7∶3。高通以专利利润补贴芯片，挤压其他芯片厂商，从而获取市场垄断地位。

我国 5G 终端基带芯片的设计水平居世界前列，华为在全球首先研制出 5G 独立组网的终端基带芯片。芯片设计需要使用电子设计自动化（EDA）工具软件，实现从系统功能图自动转换为电路图，再生成集成电路布线图。EDA 市场为位于美国的三家公司（其中一家是德国公司）所垄断，华为和国内从事芯片设计的企业向 EDA 公司交费取得使用授权。美国的"断供"使得这几家 EDA 公司不再对华为等被列入"实体清单"的企业提供技术支持和升级授权。EDA 工具软件的缺失将影响 5G 终端基带芯片今后的升级。

5G 终端基带芯片处理器目前主要有 X86 和 ARM（先进的精简指令集计算机）架构，X86 在 PC 和服务器类高密度运算时具备优势，该架构的芯片被英特尔公司垄断。ARM 体积小且省电，适合作为手机芯片处理器的架构。ARM 公司不生产芯片，仅出售 ARM 架构设计的授权，华为购买了最高级即"架构 / 指令集级"永久授权，可自行改造 ARM 架构，甚至可对 ARM 指令集进行扩展或缩减，具有完全自主的设计处理器能力。ARM 公司为日本软银公司收购，总部在英国，在美国得州和加州有研发中心，仍受美国政府管制，不可能对华为提供技术支持，不过华为已有能力对 ARM 架构自行升级。实体清单事件凸显芯片处理器的重要性，我国自行研制新的芯片处理器架构指令集非常必要且十分紧迫。

眼看"断供"还不能阻止华为的发展步伐，由于担心 5G 芯片企业的霸主地位不保，美国就动用政府力量来打压华为，以长臂管辖方式封锁华为的境外芯片代工线加工之路。按照美国《出口管理条例》，第三方国家或地区出售给列入"实体清单"企业的商品中，如生产过程中包含来自美国企业的零部件和软件，甚至只要有美国产品成分，都会成为被管制对象。美国此举欲置华为领先的芯片设计能力于无用武之地，华为Mate 40手机麒麟9000芯片虽优于同行，但到2020年9月将断货成为绝唱。今年8月美国又进一步禁止韩国或中国台湾公司的芯片向华为提供，欲置华为智能终端于死地，要扭转这一局面需要有自主开发与生产的光刻机生产线。

5G终端芯片因电路复杂性和待机时间以及成本等要求，其终端的基带处理芯片是目前各种集成电路中对工艺水平要求最高的芯片。首批进入市场的5G芯片采用7nm的工艺，2020年将采用5nm工艺，现3nm工艺也在试验。我国的中芯国际公司目前14nm工艺可量产，与国际先进水平还有不少差距，美国按照"瓦森纳协议"封锁先进芯片代工线装备出口中国。芯片代工线装备是现代精密材料与精细化工及先进制造技术的集成，我国需要尽快补上基础工业的短板。

2.2 5G终端的操作系统与APP

智能手机的操作系统是终端移动服务的核心平台，承载了数百万种APP。目前智能手机操作系统主要是苹果公司的iOS和谷歌的安卓（Android）。苹果公司的iOS只供苹果终端使用，每个APP开发者需向苹果公司上交99美元会员年费后才能将APP上架销售，此外苹果公司还将在每次销售中抽成30%，这被称为"苹果税"。安卓以其"开源免费"用在除苹果手机外几乎所有的移动终端中，占全球手机市场的82%，但安卓开源仅是AOSP（安卓开源项目）基本应用，被称为谷歌增强移动服务的应用（GMS）均需授权，包括谷歌浏览器、地图、邮箱、搜索、游戏和视频等，这些都是境外安卓用户常用的 APP。按照美国政府的要求，谷歌停止对华为 GMS 授权。华为还可使用 AOSP，对国内用户虽无影响，但因手机不能提供 GMS 服务将会失去境外用户市场。华为 2020 年第二季度手机销售成功登顶全球之首，但海外手机出货量同比下降 27%。

华为成功自行研制了鸿蒙操作系统，初期目标是先用于物联网，现在面对安卓 GMS 的禁用，华为在鸿蒙基础上开发了可替代 GMS 的华为增强移动服务（HMS），设计上还考虑了可移植安卓上的 APP，到 2020 年 6 月在 HMS 上的月活跃用户达 7 亿，APP 已超过 8 万款。鸿蒙操作系统现已向全球开发者开源，2020 年注册开发者已达到 160 万，年增 70%，进一步丰富了 HMS 上的 APP。外部的挤压推动鸿蒙加快向可穿戴设备、智能屏、手机、工业模组等多种终端通用的全场景微内核的操作系统发展。

最近，美国以所谓"5G 干净网络"[28] 为名宣布不允许中国的手机安装美国开发的 APP，将限制的范围从谷歌 GMS 系列 APP 扩展到其他美国企业开发的 APP，以进一步封锁中国手机企业出口之路。另外不允许腾讯、阿里和百度公司业务进入美国，利用 iOS 和安卓对手机操作系统垄断的地位，扼杀微信等业务的应用，目的之一也是借此打垮中国的移动通信产业。

2.3 5G 基站

中国 2020 年 6 月底累计建设基站 877 万个，同比增长 19.8%，其中 4G 基站 560 万个，占比为 63.9%。工信部 2019 年 9 月发布报告显示中国 4G 的基站数占全球一半以上。按美国无线通信与互联网协会（CTIA）的报告，2018 年每平方英里的基站数，中国是 0.5，美国是 0.04，相差超过十倍，每万人平均的基站数，中国是14，美国是4.7，相差近两倍。[29]中国基站密度大，通信性能好于美国。大众比较关心移动通信基站电磁辐射，以在天线前10米处测量的功率密度来衡量，中国遵循的标准是每平方厘米40微瓦，中国企业生产的基站实际远优于这一指标，而美国和日本的标准是600微瓦，欧盟为450微瓦，可见中国的电磁辐射标准比美、日和欧洲的标准安全防护水平严格得多。

5G因工作频率高，要求的业务带宽高，基站容量大，因此蜂窝密度高，宏基站数比4G多，微基站数是4G的数倍，尤其是室内覆盖可能还需要更小容量的皮基站。在5G基站的研发中，华为成功开发了专用芯片，华为5G与4G基站相比又有不少改进，运算能力提高2.5倍，基站尺寸减少50%，基站重量降低23%，基站功耗降低21%，安装时间减少50%。据总部位于伦敦的全球知名数据分析与咨询公司GlobalData评价，在基带能力、无线单元、技术评价、安装便捷四个维度，华为均领先多家竞争对手。[30]美国国际战略研究中心CSIS的副总裁署名文章分析，华为的电信网络成本比它的竞争对手低20%—30%，不购买华为产品的国家意味着要支付溢价。[31]国外一些运营商也测算过，将华为从供应商名单剔除将使5G推出时间至少延后两年。[32]

面对中国企业特别是华为基站具有国外同行难以匹敌的优势，美国干脆抛出莫须有的华为5G产品安全问题。2019年5月，美国、德国、日本、澳大利亚等32国以及4个全球移动网络组织的代表发布所谓的"5G布拉格提案"，称安全评估要考虑供应商的属地，特别是其所属国家治理模式带来的风险。[33]言下之意是华为在中国，所以华为就有风险。接着美国就宣布将华为及其全球有关公司纳入"实体清单"。2020年8月5日，美国威胁和拉拢一些国家加入所谓"5G干净网络"计划，将中国的电信运营商、IT 设备供应商、互联网服务商等均列入不可信任名单，意图全面封堵中国企业的互联网产品及服务的海外市场。2020 年 8月 7 日，国际互联网协会（ISOC）发表声明，对美国所谓"5G 干净网络"计划非常失望，指出美国政府为短期赢得政治分，而直接出手干预互联网，增加了建设和操纵网络流量的潜在可能，加大了互联网中断的风险。[34]事实上，华为的 5G 基站及网络设备先后经过英国监督委员会指定的实验室、德国老牌安全服务供应商 ERNW 以及国内运营商的测试显示，华为 5G 设备并不存在所谓的网络安全问题，并且在 5G 网络安全性、稳定性等方面的表现也要比其他参与测试的西方国家的产品更优秀。[35]

美国政府依仗全球霸主地位采用扣押、断供、禁用、关停和封堵等手段多管齐下打压中国移动通信企业，短期可能得逞但长期将适得其反，中国将更加重视补齐产业链的短板，加强供应链的安全，中国的移动通信产业将变得愈加强大。

四、5G 以持续创新应对挑战

1. 独立组网（SA）的大规模商用 [36]

5G 的商用是新一轮创新的开始。从 1G 到 4G 中国的商用都比发达国家晚几年，减少了试错的风险，但 5G 则与发达国家同步商用，而且中国还率先大规模建设新型 5G 核心网，走独立组网之路，中国要承担领航 5G 基于服务的体系（SBA）、虚拟化和切片化等新技术的探路代价。以网络切片为例，将面临 VPN 海量规模、实时性、端到端通道组织等难题，至于将 VPN 开放给客户来发现、选择、生成和管理并提供按需实时动态调整权限，这是前所未有的挑战，需要在实践中探索和完善。另外，网络功能虚拟化（NFV）基于软硬件解耦的理念，在通用的硬件平台（白盒化）上通过软件定义改变网元的功能，实现灵活组网，这与传统的依靠定制的硬件和软件来实现网元的方式是完全不同的。不过传统的网元是我国通信设备供应商的强项，性能和功能稳定成熟，而NFV的底层目前依赖英特尔等公司的器件，上层较多使用开源软件，可靠性未经考验，舍己之长用己之短是兵家大忌，对NFV的采用需要深入分析与试验，要在自主可控的芯片与软件基础上开发NFV的网元。

2. 网络安全需要持续创新 [37]

在5G之前的移动通信系统采用专用通信协议，移动通信网络的业务生成也是在封闭系统内，这些都为运营商的网络安全提供了保障。5G采用互联网协议，有利于互联网上的一些应用直接移植到5G，但协议互联网化也为现有网络上的病毒和木马侵入5G网络打开了方便之门。为了降低5G未来业务的不确定性，5G采用基于服务的体系，以APP方式生成业务，以开放的平台承接外部企业或网民开发的APP，而且5G还可以开放业务的组织能力给外部大客户，以便更好地支持各种行业的应用。但业务的开放性有被第三方利用恶意操控网络的风险。5G支持大连接，容量高达每平方公里100万连接，所连接的传感器为了低功耗低成本通常安全防御能力不强，易受木马所控，且因为海量易被利用为拒绝服务攻击（DDOS）的跳板，以群起而攻之的方式使数据中心瘫痪。甚至网络安全事件会因5G可用到关键基础设施与工业互联网而危害更大。5G在设计上增加了防止伪基站等安全措施，但仍然需要在网络配置与运行管理上强化安全防御能力。考虑到虚拟化和切片化模糊了安全防御的物理边界，传统的外挂防火墙、防病毒和入侵检测的方式不足以支撑5G逻辑信道的安全防御，需要发挥大数据和人工智能等技术的作用识别各类安全攻击，同时利用产业链上下游的网络安全威胁情报共享，建立基于内生的安全机制，在假定网元零信任的前提下仍然保证具有一定的免疫能力。不过网络安全不可能一劳永逸，网络安全能力总是在博弈中成长，随着 5G 的应用普及与深入，网络安全技术需要有更多创新和完善。

3. 创新 5G 的应用价值

在宣传 5G 能力时通常会提到 5G 能实现 1 秒钟下载一部高清电影，这是因为 5G 的最高峰值速率可以达到 20Gbps，相当于 1 秒可传送 2.5GB，一部高清电影取决于编码格式与电影长度，容量可以是 2—16GB。不过 5G 的 20Gbps 峰值是对应 800MHz 载波带宽，这只有工作在毫米波频段才有可能，而且只是无线空中接口有这样的能力还不够，从基站经核心网到视频网站服务器的通道需要一路畅通才能支撑。况且我国目前商用的 5G 工作在 6GHz 以下频段，最多只支持 200MHz 载波带宽，下行峰值 2.5Gbps，即 1 秒可下载 0.3GB，显然做不到 1 秒下载一部高清电影。中国也计划将毫米波频段用到 5G，但目前毫米波频段的牌照尚未发放，毫米波因频率高而传播不远，只能作为辅助应用。另外，1 秒下载一部高清电影对绝大多数用户来说不是刚需，1 分钟能下载一部高清电影也足够满意了。而且用户下载高清电影时通常会在有 Wi-Fi 的环境通过手机经网关接到光纤上以节省移动流量。

什么是 5G 的刚需呢？前述的超清视频直播、VR/AR/MR、车联网、工业互联网几乎是非 5G 不可，云上网课、云上文旅、视频会议和远程医疗等对用户来说是更有价值的应用，不过还要有大众化的终端价格和流量资费才会使 5G 更快普及，一些应用也才能规模化推广。5G 要靠规模化和技术进步才能形成良性循环。即便如此，满足用户价值的应用还有待进一步开发。

在 5G 商用的前几年还是以面向消费的应用以及智慧城市的应用为主，但 5G 真正的价值体现在产业应用上。工业互联网的 5G 与消费互联网 5G 相比不仅是物理场景变化，5G 的消费终端不能照搬到工厂中，需要开发针对产业应用的工业模组，在适应生产装备的需要同时显著降低成本。在网络技术方面，还要降低时延并强化安全性以便于管理。频率管理部门还需要合理安排满足一些大企业建设 5G 专网的频率需要。5G 的另一个重要应用场景是车联网，5G 的高带宽高可靠低时延大连接在车联网得到综合体现，车到车（V2V）通信是特色的应用，接入控制可通过网络信令或无须网络参与，后者适用于没有 5G 基站信号覆盖的情况，V2V 通信还可能是组播或广播式。车联网的进一步发展是自动驾驶，技术上及安全性要求更高，还需要相应的法律来保驾护航。

根据历史经验，移动通信新业态是网络能力具备后催生的。国际上 2G 商用始于 1991 年（中国是 1994 年），2G 的数字终端能力带起了短信、QQ 和支付宝。2001 年（中国是 2007 年）3G 开始商用，3G 的数据传输能力催生了智能手机、移动电子商务、微博、微信和 O2O，这些业务是 3G 商用之初未曾预料到的。发达国家与中国分别于 2010 年和 2013 年发放 4G 牌照，得益于 4G 的宽带能力激活了扫码支付、网约车、社交电商、智能搜索和短视频等，这些并非 4G 商用时就预料到的。2019 年中国 5G 与发达国家同步商用，现在预见的超清视频、VR/AR/MR、智联网、车联网和工业互联网等应用只是初步的，5G 一定会催生现在还想象不到的新业态。准确地说未来的新业态和新应用不是预先规划的，而是在 5G 的平台营造创新的环境中，运营商、内容服务商、行业应用部门以及网民参与创造的。

4.5G 是高科技战略必争的高地

美国于 2018 年 9 月发布"5GFAST"战略，为 5G 和 Wi-Fi 添加额外的无线电频谱，加速联邦和州 / 地方各级的 5G 小型蜂窝部署，更新联邦法规，动员社会对 5G 技术的投资。2019 年 3 月美国又出台"安全5G 及未来法案 2020"，2020 年 3 月美国总统签署"安全 5G 的国家战略"，声称美国要在 5G 及其后续的移动通信系统技术上处于全球领导地位，美国要领导全球安全 5G 通信设施的开发、部署与管理。[38] 2020 年8 月美国出台所谓"5G 干净网络"计划，矛头直指中国，打压层层加码，全面封堵中国 5G。美国将 5G 作为中美经贸摩擦在科技领域之首选，不仅是因为 5G 对经济社会的影响大，更是 5G 设备、终端、网络等多方面美国的科技霸主地位受到中国挑战，担心此时不出手在 6G 时代会更被动。美国先后发布了其总统签署的《2020 年 5G 及下一代移动通信安全保障法》[39] 和美国电信标准联盟 ATIS 的报告《提升美国 6G 领导力》[40]，声称 5G 将改变美国捍卫国家的方式，美国必须采取及时和关键的行动，确保在 6G 创新和发展中毫无疑问的领导地位。美国为本国企业站台，以安全为名，用政府之手，打压他国的商业竞争对手。美国以前就用这种手段对付日本与法国企业，现在对中国有过之而无不及。

为应对挑战，我国坚持"加快形成以国内大循环为主体、国内国际双循环相互促进的新发展格局"的战略思路，利用好国内的大市场，把自己的事情做好。通过新基建加快 5G 网络的建设，拓展 5G 的应用领域。2020 年 8 月国务院印发了《新时期促进集成电路产业和软件产业高质量发展的若干政策》，进一步优化集成电路产业和软件产业发展环境，提升产业创新能力和发展质量，这将对补强 5G 的短板有重要意义。习近平总书记早在 2013 年就指出，在日趋激烈的全球综合国力竞争中，我们没有更多选择，非走自主创新道路不可。我们必须采取更加积极有效的应对措施，在涉及未来的重点科技领域超前部署、大胆探索。[41] 现在 5G 已经被推到中美关系的前沿，压力就是动力，发展壮大我国自主可控的 5G 产业，支撑我国数字经济更快地发展并更好地服务民生，使命光荣责任重大！

参考文献：

　　［1］ 邬贺铨 .5G 时代的移动多媒体［J］. 现代电视技术，2018，No.9.

　　［2］ 工业和信息化部，国家广播电视总局 . 超高清视频标准体系建设指南（2020 版）［M］. https://new.qq.com/omn/20200522/20200522A034UM00.html. 2020.05.21.

　　［3］ 华为 GIV@2025. 2025 十大趋势［M］. https://www.huawei.com/minisite/giv/Files/whitepaper_cn_2019.pdf.

　　［4］ IDC. IDC 全球增强与虚拟现实支出指南［M］. https://www.idc.com/getdoc.jsp?containerId=prCHC45152519. 2019.06.06.

　　［5］ Frost & Sullivan. https://m.sohu.com/a/258583210_99950984. 2018.10.10.

　　［6］ iiMedia Research. 2019 中国云游戏行业专题研究报告［R］. https://www.iimedia.cn/c400/66726.html. 2019.11.11.

　　［7］ IDC. 中国视频云市场跟踪（2019 下半年）. http://static.nfapp.southcn.com/content/202008/05/c3858042.html?group_id=1. 2020.08.05.

　　［8］ 华为 .5G 时代十大应用场景白皮书［M］. https://cloud.tencent.com/developer/news/458868. 2019.10.22.

　　［9］ https://laoyaoba.com/html/news/newsdetail?source=pc&news_id=719112.2019.06.14.

　　［10］ http://m.elecfans.com/article/1105067.html.2019.11.06.

　　［11］ https://www.sohu.com/a/318921984_100295312.2019.06.06.

　　［12］ http://news.cctv.com/2019/05/11/ARTIw85e4U0EeDLSYZiVnSIT190511.shtml?spm=C94212.PV1fmvPpJkJY.S71844.611.2019.05.11.

　　［13］ https://www.sohu.com/a/208985982_100068148.2017.12.17.

　　［14］ http://www.chinanews.com/business/2017/04-26/8209502.shtml.2017.04.26.

　　［15］ https://hznews.hangzhou.com.cn/jingji/content/2017-04/20/content_6528860.htm.2017.04.20.

　　［16］ http://m.elecfans.com/article/807663.html.2018.11.02.

　　［17］ http://www.gkong.com/item/news/2020/05/100405.html. 2020.05.12.

　　［18］ http://d.youth.cn/newtech/201809/t20180930_11744416.htm. 2018.09.30.

　　［19］ https://finance.huanqiu.com/article/9CaKrnJYiLA. 2016.10.26.

［20］ http://www.tianpininfo.com/Detail.aspx?id=557. 2019.01.02.

［21］ https://baijiahao.baidu.com/s?id=1652699893600222030&wfr=spider&for=pc.2019.12.12.

［22］ Katz and Callord. The Mobile Economy 2019：The Economic Contribution of Broadband Digitization and ICT Regulation［M］. GSMA，2018.

［23］ IHS Markit.The 5G Economy—How 5G will contribute to the global economy［R］. Nov.2019.

［24］ 张春飞，左铠瑞，汪明珠.5G产业经济贡献［M］.http://www.caict.ac.cn/kxyj/caictgd/201903/t20190305_195539.htm. 2019.03.05.

［25］ 邬贺铨.移动通信行业是新中国科技创新的典范［N］.人民邮电报，https://baijiahao.baidu.com/s?id=1643730081464868410&wfr=spider&for=pc. 2019.09.04.

［26］ http://www.customs.gov.cn/customs/302249/302274/302275/2833746/index.html. 2020.01.14.

［27］ https://baijiahao.baidu.com/s?id=1601717990623564339&wfr=spider&for=pc.2018.05.29.

［28］ https://www.state.gov/5g-clean-network/. 2020.08.05.

［29］ https://www.eefocus.com/communication/433125.2019.04.03.

［30］ https://mp.ofweek.com/5g/a045693627006. 2019.12.21.

［31］ James A. Lewis. How 5G Will Shape Innovation and Security：A Primer［EB/OL］. https://csis-website-prod.s3.amazonaws.com/s3fs-public/publication/181206_Lewis_5GPrimer_WEB.pdf.2018.12.

［32］ https://www.kocpc.com.tw/archives/242698. 2019.02.06.

［33］ https://www.nukib.cz/download/5G%20site/Prague-Proposals-5G-Sec-190503.pdf.2019.05.03.

［34］ Internet Society Statement on U.S. Clean Network Program. https://www.internetsociety.org/news/statements/2020/internet-society-statement-on-u-s-clean-network-program/. 2020.08.07.

［35］ https://www.sohu.com/a/406945787_120023366?_trans_=000014_bdss_dkqgadr. 2020.07.11.

［36］ 邬贺铨.关于5G的十点思考［J］.中兴通讯技术，2020，26（1）：2—4. 2020.04.20. https://www.zte.com.cn/china/about/magazine/zte-communications/2020/cn202001/guestpaper/202001002.html.

［37］ 邬贺铨.新一代信息基础设施亟须同步建设网络安全能力［N］.中国电子报，https://www.secrss.com/articles/18569. 2020.04.11.

［38］ https://www.congress.gov/bill/116th-congress/senate-bill/893/text.2020.03.23.

［39］ https://www.secrss.com/articles/18181. 2020.03.27.

［40］ https://www.chainnews.com/articles/602496440747.htm. 2020.05.25.

［41］ 习近平关于科技创新论述摘编［M］.2016.03.

徐晓兰

中国工业互联网研究院院长

第五讲

工业互联网助推制造业高质量发展

工业互联网是新一代信息技术与制造业深度融合的产物，通过对人、机、物的全面互联，构建起全要素、全产业链、全价值链全面连接的新型生产制造和服务体系，是数字化转型的实现途径，是实现新旧动能转换的关键力量。党中央、国务院高度重视工业互联网发展。习近平总书记连续 4 年对推动工业互联网发展做出重要指示。2020 年 2 月 21 日，中央政治局会议再次强调，要推动工业互联网加快发展。3 月 4 日，中央政治局常委会做出加快新型基础设施建设进度的重要部署。加快工业互联网创新发展也写进了 2020 年的政府工作报告。6 月 30 日，习近平总书记主持召开中央全面深化改革委员会第十四次会议。会议强调，加快推进新一代信息技术和制造业融合发展，要顺应新一轮科技革命和产业变革趋势，以供给侧结构性改革为主线，以智能制造为主攻方向，加快工业互联网创新发展，加快制造业生产方式和企业形态根本性变革，夯实融合发展的基础支撑，健全法律法规，提升制造业数字化、网络化、智能化发展水平。可见，工业互联网创新发展对于推动制造业高质量发展，加速建设制造强国意义重大、作用明显。

一、我国发展工业互联网意义重大

顺应以数字化、网络化、智能化为代表的第四次工业革命发展趋势，美国、德国、日本分别成立工业互联网联盟、工业 4.0 委员会、工业价值链促进会，并分别提出先进制造业领导战略、工业 4.0 战略、互联工业战略，旨在将工业互联网作为推动实体经济与数字经济深度融合的关键路径，作为促进经济高质量发展的核心引擎。据麦肯锡调研报告显示，工业互联网在 2025 年之前每年将产生高达 11.1 万亿美元的收入；据埃森哲预测，到 2030 年，工业互联网能够为全球经济带来 14.2 万亿美元的经济增长。预测到 2030 年，5G、工业互联网和人工智能将共创造 30 多万亿美元的经济增长。

国际方面，全球工业互联网发展还处于加速创新突破和应用推广阶段，技术和产业竞争格局尚未成形，国际竞争日趋激烈。我国工业互联网发展与美、德、日等发达国家基本同步启动，在核心技术、基础设施、融合应用、产业生态、安全体系、行业监管等方面互存优势、各具特色，为我国抢占第四次工业革命制高点和应对国际竞争提供了宝贵的时间窗口期和战略机遇期。

国内方面，发展工业互联网是我国推动制造业转型升级，振兴实体经济的内在所需。我国工业经济正处于由数量和规模扩张向质量和效益提升转变的关键期，支撑发展的要素条件发生深刻变化，面临发达国家高端制造业回流和发展中国家中低端制造业分流的双重挤压，迫切需要加快工业互联网创新发展步伐，推动工业经济从规模、成本优势转向质量、效益优势，促进新旧动能接续转换，促进实体经济和数字经济深度融合，推动经济高质量发展。

二、我国发展工业互联网具备优势

我国是制造大国和网络大国，丰富的应用场景和广阔的市场空间为推动工业互联网创新发展提供了强大动能。一方面，我国制造业门类齐全、体系完整，具有联合国产业分类中所列举的全部工业门类。2010 年，我国制造业增加值首次超过美国，占全球比重为 17.6%，位列世界第一。截至 2016 年，我国制造业增加值规模达 3 万亿美元，占世界的比重为

24.5%。到 2018 年，这一比重增长到 28% 以上，工业增加值规模首次超过 30 万亿元。另一方面，我国网络大国地位稳固、短板加速弥合，已建成大容量、高速率、高可靠的信息通信网络，拥有全球最大、世界领先的光纤通信网络和移动通信网络。4G 网络覆盖所有城市和主要乡镇，用户数达 11.7 亿。2020 年 2 月底，全国建设开通 5G 基站达 16.4 万个，预计 2020 年年底全国 5G 基站数超过 60 万个，实现地级市室外连续覆盖、县城及乡镇有重点覆盖、重点场景室内覆盖。

三、我国工业互联网创新发展成效

自国务院发布《关于深化"互联网＋先进制造业"发展工业互联网的指导意见》及工业和信息化部发布《工业互联网发展行动计划（2018—2020 年）》等政策以来，在各方的协同努力下，我国工业互联网创新发展步入快车道。

工业互联网新型基础设施建设体系化推进。工业互联网网络覆盖范围规模扩张。基础电信企业积极构建面向工业企业的低时延、高可靠、广覆盖的高质量外网，延伸至全国 300 多个地市。5G 在工业场景中的应用探索推进，时间敏感网络、边缘计算、5G 工业模组等新产品在内网改造中探索应用。标识解析国家顶级节点功能不断增强，二级节点达 47 个，覆盖 19 省 20 个行业。平台连接能力持续增强。工业互联网平台超过 100 个，跨行业、跨领域平台的引领作用显著。启动建设国家工业互联网大数据中心。

工业互联网与实体经济的融合持续深化。当前工业互联网已渗透应用到包括工程机械、钢铁、石化、采矿、能源、交通、医疗等在内的 30

余个国民经济重点行业。智能化生产、网络化协同、个性化定制、服务化延伸、数字化管理等新模式创新活跃，有力推动了转型升级，催生了新增长点。典型大企业通过集成方式，提高数据利用率，形成完整的生产系统和管理流程应用，智能化水平大幅提升。中小企业则通过工业互联网平台，以更低的价格、更灵活的方式补齐数字化能力短板。大中小企业、一二三产业融通发展的良好态势正在加速形成。

工业互联网大数据开发应用迈出坚实步伐。当前，我国工业互联网数据资源总量呈爆炸性增长，但是各地区各行业的数据资源间仍存在孤立、分散、封闭等问题，数据价值未能得到有效利用，不但制约着数据价值的高效利用，还带来了数据主权和数据安全等问题。我国已成立国家级工业互联网大数据中心，初步实现对重点区域、重点行业数据的采集、汇聚和应用，提升工业互联网基础设施和数据资源管理能力。在新冠肺炎疫情防控中，国家工业互联网大数据中心广泛汇聚医院、企业、政府、社会组织等2800余家单位的疫情防控物资需求，发布需求物资达5670多万件，形成对240余万家中小企业复工复产的全方位监测，为"全国一盘棋"提供了有力的数据支撑。

工业互联网产业新生态快速壮大。在国家政策引导下，27个省（区、市）发布了地方工业互联网发展政策文件。各地加大投入力度，支持企业上云上平台和开展数字化改造，推动建立产业投资基金。北京、长三角、粤港澳大湾区已成为全国工业互联网发展高地，东北老工业基地和中西部地区则注重结合本地优势产业，积极探索各具特色的发展路径。工业互联网产业联盟不断壮大，成员单位接近1500家，积极推进标准技术、测试验证、知识产权、产融对接等多方面合作。

工业互联网安全保障能力显著提升。构建了多部门协同、各负其责、企业主体、政府监管的安全管理体系，通过实施监督检查和威胁信息通报等举措，企业的安全责任意识进一步增强；建设国家、省、企业三级联动安全监测体系，服务 9 万多家工业企业、135 个工业互联网平台，协同处置多起安全事件，基本形成工业互联网安全监测预警处置能力。通过试点示范，带动一批企业提升了安全技术攻关创新与应用能力。

工业互联网体系架构和标准正在逐步完善。我国为推进工业互联网发展，相继发布了《工业互联网体系架构（版本 1.0）》《工业互联网体系架构（版本 2.0）》，以适应丰富和多样化的企业实践以及各类新技术应用产生的新需求。然而，当前工业互联网体系架构的通用性和行业应用特性还需逐步完善，需要 IT、CT、OT 技术深度融合，形成既有通用的共性工业互联网操作基础平台也有百花齐放的行业特性应用平台的体系架构。

据统计分析，我国工业互联网在赋能制造业企业向数字化、网络化、智能化转型升级过程中提质、增效、降本、减存等方面成效显著，具体表现为：提质方面，实现平均缩短研发周期 34%，加速产品迭代 16%，降低次品率 34%，提升客户满意度 20%；增效方面，实现平均设备运行效率提升 19%，设备利用率提升 13%，生产效率提升 22%，计划效率提升 47%，缩短交付周期 40%，提高供应链运作效率 40%；降本方面，实现平均降低用工量 43%，降低综合成本 19%，减少资源浪费 57%，综合故障率降低 9%，降低能耗 9%；减存方面，实现平均渠道库存减少 27.5%，原材料库存减少 26.6%，在制品库存减少 60%。另据案例累计法测算，我国工业互联网重点平台已带动新增收入 560 亿元、降低成本 3697 亿元，累计创造 4247.6 亿元直接效益。

四、我国工业互联网体系重要构成

当前，美国、德国、日本等国纷纷提出本国工业互联网体系架构。美国的工业互联网参考架构 IIRA，关注工业互联网平台对制造业的赋能，注重跨行业的通用性和互操作性，强调"跨行业"。德国的工业 4.0 参考架构模型 RAMI4.0，关注生产制造过程的智能化，深度聚焦制造业价值链生命周期的数字化，强调"设备"。日本的工业价值链参考架构 IVRA，强调人、设备、系统之间的交互互联，侧重智能制造单元组合成的智能工厂模式，强调"连接"。我国工业互联网体系的重要构成主要包括数据网络、平台、安全等内容，其中网络体系是基础，平台体系是核心，安全体系是保障。

（一）网络体系是工业互联网的基础

工业互联网网络是实现人、机器、车间、企业等主体以及设计、研发、生产、管理、服务等产业链各环节的全要素泛在互联的基础，是工业智能化的"血液循环系统"，包括工业企业内网和工业企业外网。工业企业内网实现工厂内生产装备、信息采集设备、生产管理系统和人等生产要素的广泛互联；工业企业外网实现生产企业与智能产品、用户、协作企业等工业全环节的广泛互联。工业互联网标识解析体系是工业互联网网络的重要组成部分，类似于互联网领域的域名解析系统（DNS），包括标识和解析系统两部分，其中标识是机器和物品的"身份证"；解析系统利用标识，对机器和物品进行唯一性的定位和信息查询，是实现全球供应链系统和企业生产系统精准对接、产品全生命周期管理和智能化服务的

第五讲 工业互联网助推制造业高质量发展

前提和基础。

（二）平台体系是工业互联网的核心

工业互联网平台是面向制造业数字化、网络化、智能化需求，构建基于海量数据采集、汇聚、分析和服务体系，支撑制造资源泛在连接、弹性供给、高效配置的载体，其核心要素包括数据采集体系、工业PaaS、应用服务体系。在数据采集体系方面，智能传感器、工业控制系统、物联网技术、智能网关等技术，对设备、系统、产品等方面的数据进行采集。在工业PaaS方面，基于工业互联网平台将云计算、大数据技术与工业生产实际经验相结合形成工业数据基础分析能力；把技术、知识、经验等资源固化为专业软件库、应用模型库、专家知识库等可移植、可复用的软件工具和开发工具，构建云端开放共享开发环境。在应用服务体系方面，面向资产优化管理、工艺流程优化、生产制造协同、资源共享配置等工业需求，为用户提供各类智能应用和解决方案服务。

（三）安全体系是工业互联网的保障

安全是工业互联网健康有序发展的保障，通过建立工业互联网安全保障体系，实现对工厂内外网络设施的保护，避免工业智能装备、工业控制系统受到内部和外部攻击，保障工业互联网平台及其应用的可靠运行，降低工业数据被泄露、篡改的风险，实现对工业互联网的全方位保护。

（四）数据是工业互联网的核心资源

工业数据资源是工业互联网体系的核心资源，在数据采集、网络传输、存储管理、平台应用和价值创新等多个层面具有重要作用。构建深挖工业数据资源核心价值的能力体系模型，强化工业数据资源的原始积累、应用创新和智能挖掘，能够充分发挥工业数据资源的核心要素作用，加快工业互联网在感知、分析、控制、决策和管理等方面的突破和创新，以工业互联网的高质量发展支撑工业经济的高质量发展，为制造业始终成为国民经济的主战场提供有力保障。

五、工业互联网推动治理能力和治理体系现代化

工业互联网是互联网、大数据、云计算、人工智能等信息技术与工业系统高水平全方位深度融合所形成的应用生态，与经济、政治、文化、社会、生态深度融合，为国家治理体系和治理能力现代化提供了重要支撑。

（一）有助于提升党科学执政水平

习近平总书记指出，推进国家治理体系和治理能力现代化，要运用大数据、云计算、区块链、人工智能等前沿技术推动管理手段、管理模式、管理理念创新，要抓住产业数字化、数字产业化赋予的机遇，加快5G 网络、数据中心等新型基础设施建设。工业互联网作为新一代信息基础设施，可以大幅提升我国对工业数据资源的管理能力，保障党和政府对各级部门、社会大众、高校院所、企业单位数据信息的实时精准获取，在大数据时代及时有效掌控物资供需、社会舆情、全球产业链供给等。深入推进实施工业互联网创新发展战略，提升计算能力，加强算法研究，根据工业和经济、社会各类数据建立应对相关突发情况的大数据分析预

测模型，能够有效指导全国统一布局优化生产能力，提高支撑政府决策，助力我国的国家治理能力和治理体系在数字化、网络化、智能化条件下实现新的突破。

（二）有利于满足人民日益增长的美好生活需求

工业互联网链接市场全要素信息，有助于强化我国人力资源协同保障，将市场实时信息匹配合适的人和合适的岗位，保证劳动者劳动权利和义务，为建设更充分更高质量的就业促进机制、实现人力资源分配效率最大化提供保证。建好用好工业互联网，一方面通过区块链、标识解析等工业互联网相关技术，可以实现产品全生命周期追踪，供应链精准追责；另一方面通过人工智能在工业互联网中的深度应用，对工业产品或消费品的个性化需求进行感知、确认、执行，满足人民不断升级和个性化的物质文化需求，为提升人民健康水平、满足人民美好生活向往提供了有效保障。

（三）有益于推动经济绿色可持续发展

绿色发展是新时代中国发展的主题和必然选择。当前，我国工业发展面临诸多矛盾，其中经济增长与资源环境、绿色发展之间的矛盾需要着力解决。发展以支撑制造业数字化、网络化、智能化转型为主线，以激活新动能、改造旧动能为重要特征的工业互联网，对创新、协调、绿色、开放、共享发展，提质、增效、降本、减存、避险，化解工业经济发展存在的诸多内在矛盾提供了良好范式。据国际权威机构测算，应用工业互联网后，企业的效率将会提高大约20%，成本可以下降20%。在节能方面，工业互联网通过精准控制工业生产过程，可以实现能耗的计量、监测与管理，达到精准管理的目的，从而实现节能减排。在去库存方面，利用工业互联网可以实现供需两侧的互联互通，实现按需生产，按需供给，有效解决库存积压问题，从而从源头解决资源利用不充分问题。

（四）有助于加速构建人类命运共同体

习近平总书记指出，当前全球新一轮科技革命和产业革命加速发展，工业互联网技术不断突破，为各国经济创新发展注入了新动能，也为促进全球产业融合发展提供了新机遇。工业互联网通过工业生产全要素、全产业链、全价值链的有效连接和深度融合，为建设新型全球产业分工布局提供技术基础，为跨地域资源分配和效率提升提供可行方案，为促进全球经济的有序繁荣发展、全球治理体系共同创建提供持续动力和重要手段。

六、工业互联网纾困我国实体经济高质量发展难题

当前全球新冠肺炎疫情和世界经济形势依然复杂严峻，对我国经济发展的冲击和影响还在不断显现。做好"六稳"工作，落实"六保"任务，使实体经济运行在合理区间是当前经济工作的重点。然而随着现代产业体系的复杂度空前提高，对实体经济进行有效治理的难度也越来越大，传统财政金融等实体经济治理手段的边际效用正不断降低。我国在实体经济治理中，面临治理能力欠缺、政策工具箱不够丰富等问题。以发展的眼光解决发展中的问题，可以依托工业互联网等先进技术手段，有效提升治理的准确性、穿透性、实效性，不断强化我国对于实体经济的治理能力。

（一）当前实体经济治理面临困境，制约供给侧改革走向纵深

1.传统金融财政政策对实体经济的传导效率正在降低

当前，现有财政金融手段对实体经济发展的促进效果正在降低，一是流动性往往偏向金融部门和地产等回报率高、周期短的领域，造成金融空转；有关部门对于资金流动方向很难控制和监管，难以保证财政金融政策对实体经济的促进效果。二是随着现代产业链越来越复杂，实体产业投资门槛越来越高，金融部门决策难度上升，投资效率下降，造成一些关键领域资金匮乏，而另一些领域资本一窝蜂拥入等现象。三是金融部门对于中小企业的经营状况难以有效掌握，因而难以进行风险评估和授信，导致民营企业，特别是中小微企业难以获得融资或融资成本较高。

2.传统产业管理模式仅能做到总量和要素管理

我国目前供给侧管理措施以地区行业总量管理为主，主要通过投资、土地、财政、金融等手段调控工业品生产总量，无法直接识别供应链的薄弱和关键环节以进行针对性管理。这种行政化的管理方式主要凭借历史数据和管理者经验，受主观因素的影响较大，管理的科学性较低，容易出现"一刀切"的现象，难以准确反映市场需求，制约了供给侧改革向纵深发展。

3.传统产业信息获取手段的实效性和可信度较差

当前我国获取工业生产数据主要依赖企业填报、行业协会汇报、各级主管部门层层上报的方式，手段较为落后。实效性方面，数据的获取往往会延后一个月以上，难以支撑快速决策；精确性方面，数据受到人为因素影响较大，企业出于各种原因往往会瞒报、多报甚至不报，数据

的可信度不高。当前我国缺乏对产业体系进行穿透性管理的体制机制和技术手段,难以适应数字化、网络化、智能化时代的管理需求。

4. 安全生产风险高,阻碍工业实现高质量发展

工业是安全生产的重要领域,是国民经济的支柱产业,在世界经济中占据重要地位。安全生产问题高发的主要原因在于工艺装备水平相对落后,安全生产责任不落实,给人民生命财产造成很大危害,也影响了生产效率和经济的发展质量。企业贯彻新的发展理念,转型升级,必须把安全生产问题放在首位,实现安全事故率和死亡率大幅下降。

(二)工业互联网有效提升实体经济治理效能,为精准化供给侧结构性改革奠定基础

1. 实时、精准监测实体经济运行情况,支撑国家高效决策

工业互联网平台记录了企业生产、销售、供应链、库存等信息数据,对这些数据进行挖掘处理,可将工业经济运行数据的获取周期由1个月以上优化为1天以内甚至实时,并大幅提高数据的准确性,提高各级政府部门决策效率。在本次疫情中,传统手段难以实时监测中小企业复工复产状况,而国家工业互联网大数据中心通过汇聚全国34家主要工业互联网平台信息,覆盖有效企业数超过240万家,数据获取周期小于1天,圆满完成中小企业复工复产信息统计工作。

2. 覆盖产业链全要素,大大丰富深化供给侧改革提供的工具箱

工业互联网深入产业链内部,有效整合产业链各要素环节实现全局优化,从而大大提高我国产业经济治理的覆盖面和穿透力。除前述工业经济运行监测和新型财政金融政策外,新的治理工具还包括:一是区域内行业协同整合升级,实现区域数字经济和实体经济一体化,构建行业

间协同创新体系，带动产业集聚，推动区域经济高质量发展。二是行业产业链图谱绘制，有针对性地分析我国主要产业中的关键环节和薄弱环节，助力精准化供给侧结构性改革。三是供应链数字孪生模型，根据供应链大数据对国内外供应链进行建模，模拟供应链体系在面对各种冲击时的反应，为相关部门制定政策提供依据。

3. 提供新型产融结合工具，提高财政金融赋能实体经济效率

基于工业互联网大数据可实现实体经济与财政和金融更高效、更紧密地结合，应从以下三方面大幅优化传统财政金融政策的效果：一是清晰揭示资金传导路径，基于区块链等技术可以追踪资金的传导路径，从而进行针对性管理引导，确保资金进入实体经济，避免金融空转；二是保障投资效率，基于工业互联网生态授信、供应链金融等手段，可协助金融部门精准授信，提高金融资源配置效率；三是服务中小企业，基于工业大数据可准确研判并监测企业生产经营状况，降低金融部门向中小企业放贷的风险，从而降低中小企业融资成本。

4. 支撑新旧动能转化，培育新的经济增长极

目前，实体经济之所以利润薄、效率低，很大程度上是由于制造业传统生产要素（劳动力、资金、土地、能源原材料、物流等）供应增长受限导致的成本居高不下，同时，整体营商环境等外部交易成本较高也导致了传统动能减弱。工业互联网进一步增强大数据作为关键生产要素参与价值创造和分配的力度，聚焦工业互联网数据标识解析、数据资源管理、数据可信交易、数据安全防护等技术能力提升，可有效促进跨行业、跨地域、跨时空的数据资源汇聚，从而加速工业企业研发设计、生产制造、经营管理、市场营销和售后服务等全流程的智能化转型，进一步推动先进制造业和现代服务业深度融合，实现一二三产业、大中小企

业的开放融通发展，培育形成新的经济增长点，推动新旧动能接续转换。此外，工业互联网数据具备提高工业体系中原有要素的价值转化效率、促进生产效率提升的能力。通过提升数据作为核心生产要素参与价值创造和分配的能力，加速流程再造、降低运营成本、提升生产效率，能够极大地激发生产力乘数效应，形成新的生产关系，培育新的工业互联网产业生态。

5. 提升安全生产管控能力，为经济安全运行保驾护航

工业互联网将信息技术与工业紧密结合，给工业转型升级提供了高水平的技术平台。能够加强安全生产企业内部、工业园区和政府监管能力，大幅提高安全生产水平，为经济安全运行保驾护航。首先，工业互联网能够提升工业企业安全管控数字化水平。工业企业开展工业互联网改造，把工业互联网作为变更生产安全管理方式整体全局设计的重要一环，实现人员、设备、物料、环境等生产要素的网络化连接、平台化汇聚和智能化分析，创新安全管控模式。其次，工业互联网能够提升高危行业监测预警和应急响应水平。针对石化、冶金、煤矿、非煤矿山、民爆等重点高危行业，建立安全生产风险监测预警系统，建立重大危险源的风险特征库、事故案例库以及应急工具集，能够实现对重点行业企业关键生产装置的液位、温度、压力、环境等安全生产信息的动态采集、智能研判、分级处置。最后，通过打造"工业互联网＋安全生产"新型支撑体系，分行业建设安全生产监管工业互联网大数据分中心。依托各级工业互联网大数据中心，联动现有安全生产风险监测平台，建设"工业互联网＋安全生产"监测平台体系，提升网络安全保障能力。

七、工业互联网推动行业融通发展

（一）行业融通发展面临的问题

1. 国际竞争不断加剧，我国工业互联网行业赋能面临"不进则退，慢进亦退"的局面

当前，美、欧、日等纷纷加大对工业互联网的投入。美国持续加强5G、工业互联网等方向战略布局，打造支撑数字化转型、智能化发展的新型基础设施。欧盟2019年11月发布《增强欧盟未来工业的战略价值链》，将工业互联网纳入首批欧洲一体化价值链建设项目并进行资助。日本将"互联工业"列为发展重点，编制专门投资计划。当前我国工业互联网创新发展和发达国家基本处于同一起跑线，但在行业应用方面存在很多弱项，必须加大投入，集中力量，避免在新一轮竞争中再度落后。

2. 我国工业互联网产业基础有待进一步夯实

国内大多数企业数字化程度较国际水平偏低，网络协议、设备接口等不统一，技术标准多为国外企业掌控，严重制约工业互联网行业应用；同时，网络安全风险随着联网设备的增加进一步加大。尽管我国已经出现一些基于工业互联网的行业融通发展新业态、新模式，但大多处于探索阶段，尚未全面推广，企业界仍持观望态度。

3. 我国工业互联网生态体系有待进一步完善

一方面我国工业互联网行业和跨行业基础设施尚未普及与健全，导致行业内大数据无法统一管理和使用，行业间数据资源孤立、分散，数据孤岛问题严重。另一方面我国工业互联网生态体系发展要素相对匮乏，懂得工业互联网知识的行业人才无法满足发展需要，智力资源相对稀缺；开源社区规模较小，开发者人数较少；工业互联网共性标准尚未制定，数据难以融通；跨行业治理的政策体系有待建立，亟须提供相应的管理依据。

（二）工业互联网多维度推动行业融通发展

1. 工业互联网有助于打通产业生态跨行业供应链

随着技术不断进步，现代产业生态涉及行业越来越多，行业间信息孤岛问题越发突出。工业互联网平台是供给生产信息和需求信息的高效对接平台，能够有效打破各行业信息孤岛，实现资源高效配置。例如，富士康工业富联平台，可打通塑胶注塑、轻工、金属加工、精密刀具制造、模具制造、装备制造、电子制造、轨道交通、汽车配件制造9个行业，优化配置相关行业资源，从而大幅缩短交货周期，降低库存和物流成本。海尔 COSMOPlat 供应链服务平台，将外贸工业行业、港口行业、海运行业、政府海关等相关信息打通，通过合理配置相关行业资源，缩短了交货周期，降低了库存和物流成本。

2. 工业互联网有助于实现区域内行业协同整合升级

基于区域工业互联网平台，可打破行业间壁垒，实现区域数字经济和实体经济一体化，构建行业间协同创新体系，带动产业集聚，推动区域经济高质量发展。上海等地正依托 G60 科创走廊打造工业互联网产业高地，通过集聚各类高端创新要素，促进区域制造业资源整合和产业转型升级。浙江省通过打造"1+N"工业互联网平台体系，计划实现11个设区市全覆盖，加大行业级、区域级、企业级平台培育力度，持续推动浙江省工业互联网创新实践，助力区域内不同行业融通发展。

3. 工业互联网有助于打通一二三产业，促进产业生态协同发展

工业互联网可有力推进农业生产经营数字化进程，支撑实现农业现代化；工业大数据作为生产要素，更为新型产融结合体系奠定了基础。基于工业互联网的一二三产业协同发展生态，催生了一系列新技术、新模式、新业态：海尔COSMOPlat平台通过田间的监测站采集数据并建模指导生产，农产品品质和产量大幅提升，平均亩产比当地其他土地高20%，未来将向产品服务端延伸；天正工业I-Martrix平台基于工业数据的"生产力征信"模式，已帮助2000余家企业累计获得金融机构授信30多亿元，帮助对接科技成果转化服务金额超过8000万元。

八、工业互联网纾困我国制造业中小企业发展难题

我国中小企业的数量达到3000多万家，占企业总数90%以上，贡献了全国50%以上的税收、60%以上的GDP、70%以上的技术创新成果和80%以上的劳动力就业，是我国经济的重要组成部分。制造业中小企业作为主力，更是撑起了我国制造业发展的"半边天"。受全球新冠肺炎疫情影响，我国制造业中小企业面临严峻的生存危机。

（一）疫情危机暴露出我国制造业中小企业发展瓶颈

1. 落后的生产模式难以获得丰厚的市场利润

我国制造业中小企业主要集聚于劳动密集型产业。在大批量生产和人口成本的红利尚未褪去之前，大部分中小企业通过一条"投资—扩大生产—再投资—再扩大生产"的粗放式发展路径实现了规模增长与资本积累。但是，随着社会经济进步，原材料成本、人力成本、场地成本等

经营成本持续升高，中小企业已经难以依赖这种发展模式继续生存。

一方面，传统市场逼近饱和，企业利润持续下降。大量中小企业所处的生产制造环节是产业链上的低利润环节，相比研发设计、品牌营销等环节 20%—50% 的利润率，高端制造环节利润率仅为 10%—20%，低端生产制造环节利润率更是仅有 2%—3%。同时，大量低端劳动密集型生产制造环节缺乏技术壁垒，后来者能够轻易进入，市场快速形成红海，产品同质化竞争严重。为了获得市场，企业不得不进一步降低产品价格、压缩利润空间，导致大量中小企业处于微利甚至亏损边缘状态。而本次疫情也反映出来，劳动密集型产业受突发事件影响较大，企业亟待向技术密集型转型。

另一方面，新兴市场开始萌芽，企业开拓市场乏力。随着社会发展，多样化、高品质、个性化的消费结构升级孕育了新的市场需求，对产业发展提出了更高要求。据商务部统计，安全、设计和品质已经成为我国消费者关注的重点内容，需求升级显著。然而，这与大量国内中小企业批量化生产和追求规模经济的供给行为形成错位，产品无法满足市场需求，大量市场份额只能由进口产品占据，广大中小企业陷入订单下滑、产能过剩、无法获利的困境。

2. 不足的供应链掌控力难以应对突发的市场变化

供应链对于企业的重要性不言而喻，没有一个完整的供应链，企业无法完成生产销售，企业的生存和发展也无从谈起。相比于其他行业，制造业企业作为供应链中间环节，对于供应链上下游管理的要求更高。然而，当前我国制造业中小企业供应链掌控力严重不足，导致企业难以应对市场突发的各类变化。

一方面，制造业中小企业对供应链的管理能力较弱。面向供应链上游采购时，大量企业没有开展精密计算，导致原材料采购不足或剩余，造成产量匮乏或是资金浪费。面向供应链下游销售时，未能及时获取客户的生产计划、采购计划等信息，无法合理排产、紧密对接需求，导致生产过剩、库存积压、产量不足、延期交货等诸多问题出现。

另一方面，大量制造业中小企业的供应链结构相对僵化，上下游往往仅具备少量几个固定的合作伙伴，一旦某一个合作伙伴突发经营问题，就有可能面临供应链断裂的危机，导致原材料严重不足或产品无路可销。而临时更换合作伙伴难度大、成本高，无法有效解企业燃眉之急。

3. 欠佳的融资能力难以满足运营的资金需求

高涨的运营成本、漫长的收款账期、有限的现金储备使得中小企业面临较大的现金压力，能否顺利融资成为维系中小企业生存的关键因素。特别是应对突发事件时，中小企业的现金流将面临更严峻的挑战。然而，受限于中小企业当前不良的盈利能力、不足的固定资产、偏低的流动比率和不合理的流动资产结构，不得不面对融资渠道少、融资成本高等问题。

融资渠道方面，我国投融资市场整体发展尚不成熟，未能建立覆盖产业链各环节的、多层次的投融资体系，中小企业所能使用的融资手段单一，大部分融资仅能通过银行贷款和民间借贷实现，股票、基金和债券等资金募集方式使用者较少。其原因是当前相关政策和法律法规对企业通过股票市场、债券市场等方式融资设置了较高的门槛，大部分中小企业受限于经营水平，无法达到相应要求，难以获取足够的资金支持维系企业运转。

融资成本方面，即便通过仅有的银行和民间借贷获取资金，中小企业也面临高昂的融资成本。目前我国银行贷款的首要供给对象为政府和大型企业。中小企业经营不确定性较强，与中小企业合作会使银行面临较大的信用风险和市场风险。因此银行在向中小企业贷款时，不仅会提出短期限、小金额等要求，也会提出更高的利率，根据中小企业发展情况的不同，实际年化利率往往是基准预期年化利率的1.3—3倍。而民间借贷由于缺乏监管，利率更高，部分地区的最高年息甚至可能超过100%。

4.匮乏的人才资源难以推动企业的转型升级

人才是推动企业发展的最基础资源，是决定企业发展方向的最基本因素。对大多数中小企业而言，优质人才的匮乏已成为阻碍企业发展的顽疾。

从宏观角度来看，我国制造业高端人才的总体供给严重不足。当前制造业对于人才的要求不断提高，融合型人才成为我国制造业最主要的需求目标。但是，我国目前在制造业人才培养方面存在要求变化认识不足、缺乏统筹协调、实训基地建设滞后等问题，培养的人才能力与企业需求脱节，导致制造业出现千万级高技能人才缺口。

从微观角度来看，囿于经营水平，大部分中小企业普遍存在知名度低、薪酬待遇低、成长空间有限、管理不规范、合法权益缺乏保障等诸多问题，部分中小企业更是存在地理位置偏远、交通运输不便、工作环境不佳等问题，对优秀人才难以产生足够吸引力。面对互联网、金融等其他行业以及同行业内大型企业的竞争，很难招揽优秀的人才以提升企业发展水平。

（二）工业互联网纾困我国制造业中小企业发展难题

1.变革生产模式和发展方式，提高企业盈利水平

工业互联网通过对企业进行数字化改造，深挖工业数据资源价值，

构建以数据资源为核心的生产体系，充分发挥数据资源的价值作用，以大数据、人工智能等新一代信息技术推动制造业中小企业生产模式升级和发展方式的改变，助力中小企业实现提质、增效、降本。

一方面，工业互联网利用信息技术对企业生产经营进行数字化建模，以精准的数据分析替代笼统的经验判断，全面优化生产流程、制造工艺和生产服务资源配置，提高原材料利用率和工人生产效率，推动企业由劳动密集型向技术密集型转变，有效降低研发、设计、材料、人力等运营成本，增加产品产量，扩大企业收入。如东方国信围绕冶炼效率提升、降低污染排放等需求，研发基于 Cloudiip 炼铁云的钢铁行业解决方案，应用于全国 210 座高炉，每年降低冶炼成本 20 亿元。

另一方面，工业互联网打通产业链、价值链上下游，实现需求端与设计端、生产端的直接对接，利用信息技术对复杂的市场动态进行分析，开展市场机会预测和产品创新，打造市场青睐的创新产品，实现敏捷制造和精益生产，提升产品价值，满足消费需求，抢占市场先机。如海尔围绕个性化定制、产品质量优化等需求，研发基于 COSMOPlat 平台的大规模定制解决方案，已赋能 10 余家互联工厂，创造生态价值 100 多亿元。

第三方面，工业互联网变革企业发展方式。工业互联网催生出一大批共享设备、共享车间、共享工厂。对于企业自身而言，既可以让掌握资源的龙头企业搭建平台，分享制造能力，以大带小，找到新的盈利模式，也可以促进制造业专业化分工，让企业集中精力发展主业，提升核心能力。这将有利于提高产业组织柔性和灵活性，推动大中小企业融通发展，促进产品制造向服务延伸，提升产业链水平，加快迈向全球价值链中高端；有利于降低中小企业生产与交易成本，促进中小企业专业化、标准化和品质化发展，提升企业竞争力。

2. 强化供应链掌控力，提升企业抗风险能力

工业互联网通过实现全要素、全产业链、全价值链的连接，促进了供应链内信息数据的流通，增加了企业间连接的广度，为广大中小企业开展供应链精益管理提供了基础，可助力中小企业拓展供应关系，强化小企业供应链掌控力。

一方面，工业互联网使供应链上相关企业数据互通，实现信息高水平共享，助力企业对物流、资金流和信息流统一管理。中小企业能够及时获取市场信息，并根据下游企业需求、上游企业供给的变化制定生产经营策略，进行精准预测与整体优化，并据此采购生产资料、组织生产，提升资金利用率，实现对供应链的精益管理。如航天云网围绕供应链协同，打造基于工业互联网平台的集采模式，节约采购成本 5000 万元 / 年，创造价值约 7000 万元 / 年。

另一方面，随着工业互联网平台接入企业数的增加，传统的供应链逐渐编织成一张"供应网"，中小企业可以通过工业互联网平台搜寻更多的合作伙伴，获取更多的原材料来源和销售对象。当突发事件出现时，中小企业可以借助工业互联网平台快速寻找原供应链合作伙伴替代者，降低供应链断裂风险，保障供应链安全。如用友精智工业互联网平台已吸纳近 47 万家企业用户，平台内企业间可以实现快速供需匹配，建立更多元的供应关系。

3. 提升融资能力，扩大企业资金供给

工业互联网通过连接产业链上下游、汇集海量生产相关数据，使得利用更多维度、更广来源的数据精准刻画企业经营行为、评估企业资产状况变为可能，为金融市场针对中小企业开展金融服务提供了有力依据。

一方面，工业互联网借助区块链、大数据等技术，为金融机构提供全方位、高可信的实时数据支持，提升中小企业经营状况透明度，协助金融机构建立完善的中小企业信用评价模型，把单个企业的不可控风险转变为产业链企业整体的可控风险，最大限度降低金融机构为中小企业提供金融服务产生亏损的可能性，提升金融机构服务中小企业的意愿，从而满足中小企业融资需求。如树根互联产业链金融综合服务平台面向设备制造商、代理商或经销商、资金方及设备使用者提供在线融资撮合对接服务，助力中小企业完成融资。

另一方面，工业互联网通过广泛连接组织机构、人、机、物，形成以数据驱动企业经营生产的新模式。在这一模式下，企业不仅生产数据，更依托数据开展生产，数据成为一种重要的生产资料和企业资产。通过对数据价值评估，中小企业可以以生产经营数据为抵押向银行等金融机构申请贷款。这大大丰富了中小企业的融资模式，拓宽了中小企业的融资途径。此类模式已有先例，2016年东方科技通过把企业所有的水文数据抵押给贵阳银行，取得了价值100万元的国内第一单数据资产抵押贷款。工业互联网的应用，使中小企业生产经营数据更丰富、更完整，将进一步促进此类模式的推广。

4. 共享智力资源，化解企业人才难题

人才是智力资源的载体，企业对人才的需求本质上是对人才所具备的智力资源的需求。工业互联网借助信息技术，将人才所具备的工业知识、管理知识、IT知识等智力资源提取形成工业机理模型，并封装为工业APP等软件产品，提供给包括中小企业在内的广大制造业企业使用。工业互联网成功把智力资源与人才这一载体在一定程度上实现分离，将企业对人才的聘用转变为对智力资源的直接使用，通过共享模式重新组织了智力资源对制造业赋能的模式。

一方面，借助工业互联网，中小企业可以基于自身需求快速寻找、购买、应用工业APP等软件产品，获取所需智力资源，而不必经过"确定人员需求—制订招聘计划—开展人员甄选—签订劳务合同"一套繁杂的人员招聘流程，大大节省了企业组织智力资源的时间，降低了人力和管理成本，提高了资金利用率。2019年，十大跨行业跨领域工业互联网平台工业模型数突破1110个、工业APP达到2124个，部分平台已形成了超过万人的开发者社区输出智力资源。

另一方面，基于工业APP所包含的智力资源，中小企业的普通员工也能够完成高技术工作，企业不必过度依赖高素质人才开展业务。工业互联网实现了对中小企业一般技术人员的高技术赋能。如目前主要工业互联网平台均开发了图形化编程工具，支持用户采用拖拽方式进行应用创建、测试、扩展等，大大简化了开发流程、降低了开发门槛，使普通员工开发复杂工业应用成为可能。

九、工业互联网纾困我国制造业产业链发展难题

（一）后疫情时代我国产业链暴露的问题

1. 我国产业链内部的抗压韧性较差

产业链终端需求剧烈波动时，产能无法做出及时调整，全球资源整合能力和效率不足，产业链、价值链、供应链控制力不强。产业链上企业连接的紧密度不够，中小企业复工率显著低于规模以上工业企业，这就意味着产业链上下游复工复产不协同，而产业链的整体水平

恰恰取决于产业链中最弱的环节。这些问题暴露了我国产业链松散，产业资源利用率和转化率不高，产业链协调性、动态匹配力度不够等问题。

2. 上下游依赖性强导致产业链孤岛化

全球范围的停工停产，导致产业链被严重割裂，将极大冲击全球各个行业。一方面，我国产业关键核心技术积累不足，一些产业链关键环节的核心技术自主可控能力不强，导致部分关键零部件和原材料严重依赖进口，一旦出现断供将导致延迟开工或停产。另一方面，部分外贸导向的产业链附加值较低，在外部冲击导致成本上升和需求不足时面临较大资金压力。以汽车产业为例，产业链与海外上下游企业彼此高度依存，任何环节的停摆都将冲击整个产业链的稳定。两头在外的产业在此次疫情中遭受更大的打击。如何摆脱进口和外部市场依赖是产业链转型升级必须面对的问题。

3. 产业链的安全预警机制缺失

新冠肺炎疫情全球蔓延所引发的一系列连锁反应使得我国的产业链将面临更多维度的冲击和不安全因素。我国产业链目前处于修复阶段，但是疫情暴发初期，产业链各环节并没有提前做出预警，在国内疫情严重，但疫情并未全球蔓延时没有对核心零部件和关键原材料进行提前备货；在预测到因疫情严重导致的消费需求锐减和医疗物资需求暴增时，没有对国内相应领域的产能及时做出调整。我国在面对产业链冲击时的整体反应严重滞后。因此，我国现阶段迫切需要找到产业链各环节中的不安全因素，对我国重要产业重要环节的安全性进行量化评估，以应对外部冲击对我国产业链产生的影响。

（二）工业互联网是提高产业链韧性和驱动经济增长的重要力量

1. 以工业互联网为核心的数字基建是经济增长的新内驱力

当前全球产业链、价值链的重构中，劳动力成本的重要性下降，生产率和新型基础设施等因素变得越发重要，我国在这些方面优势显著。数字基建的加快发展叠加疫情催生的应用需求，使我国工业互联网迎来一轮新的发展高潮，2020年是工业互联网应用的关键之年。在此次疫情防控中，工业互联网在重要物资调配、企业供需对接和远程协作等方面表现突出，工业互联网与我国经济社会各领域融合发展步伐有望进一步加快。应紧紧抓住有利时机，充分发挥制度优势，加快我国工业互联网建设。工业互联网不但拥有极快的发展速度，而且具有极强的溢出效应，能够加速传统产业转型升级、促进新兴技术融合发展，而且能够产生新需求、新消费、新模式和新业态，并逐步渗透到经济社会各行业各领域，成为拉动经济增长的新引擎。我国总体上已进入工业化后期阶段，工业互联网等新型基础设施建设将为经济增长提供新内驱力。据测算，2020年我国工业互联网和工业大数据中心对经济的直接贡献将达人民币1.2万亿元，间接贡献达2.5万亿元左右。

2. 工业互联网激发产业链协同模式下的产业集聚

工业互联网和产业链垂直整合是相互促进的过程。首先，利用工业互联网促进集群内部更广泛的垂直整合，产业链上的每一个成员都更容易利用大数据匹配上下游供需信息，帮助企业及时调整生产，应对市场；利用数字技术改变研发模式、生产模式、管理模式和服务模式，从而吸引更多产业链相关企业向集群内聚合。其次，产业链聚集进一步促进工业互联网的融合发展，产业集聚会带来大量的工业互联网、大数据、人工智能企业与产业链融合，改变产业的盈利模型，创造该产业大量新商业模式，促进集群内企业的转型升级。最后，只有通过龙头企业构建集群生态，工业互联网才能发挥核心竞争力。通过龙头企业推动集群整体融入工业互联网生态，实现产业链信息贯通、资源分享，通过以大带小、以小托大方式实现大中小企业融通发展。

3. 利用工业互联网使产业链跨界融合发展成为可能

工业互联网可以帮助企业扫清在"跨链"和"创链"过程中遇到的障碍，提高企业"跨链""创链"的效率。以口罩和防护服生产为例，随着口罩物资紧缺，有一定生产条件的能源、汽车、手机组装、服化公司纷纷转产口罩、防护服。首先，工业互联网平台可以通过供需数据对接帮助企业短时间内购买到相关设备，并实现远程安装调配；其次，利用工业互联网获取企业的生产运营数据可以使地方政府更直观、迅速地了解企业的生产能力，使企业快速获取生产许可和资质认证；最后，在设备到位后通过工业互联网为企业快速调配所需的原材料、人力和运输物流。

4. 工业互联网是推动产业链向高端延伸的重要抓手

我国制造业供给侧结构性改革仍需进一步深化，低端产能过剩与高端产品供给不足并存的问题亟待解决，构建数据作为重要权属要素参与价值创造和分配的流通体系，聚焦数据权属价值判断和数据交易监管，推动建立数据确权法律法规、数据交易规则、政府监管机制，促进数据流带动技术流、资金流、人才流、物资流，通过跨设备、跨系统、跨企业、跨区域、跨产业的全面互联互通，实现工业生产的资源优化、协同制造和服务延伸，催生智能化生产、网络化协同、服务化延伸、个性化定制等新模式、新业态，从而推动工业生产、制造、服务体系的要素升级、产业链延伸和价值链拓展，构筑面向全球新一轮科技和产业革命的国际竞争新优势。

十、工业互联网有效推进我国向"制造强国"迈进

工业互联网为制造强国建设提供了关键支撑。一方面推动传统工业转型升级。通过跨设备、跨系统、跨厂区、跨地区的全面互联互通,实现各种生产和服务资源在更大范围、更高效率、更加精准地优化配置,推动制造业供给侧结构性改革,大幅提升工业经济的发展质量和效益。另一方面加快新兴产业培育壮大。工业互联网促进设计、生产、管理、服务等环节由单点数字化向全面集成演进,加速创新机制、生产模式、组织形态和商业范式的深刻变革,催生智能化生产、网络化协同、服务化延伸、个性化定制等新模式、新业态、新产业。

(一)工业互联网加速制造业生产要素向产业链集聚

制造业产业链包括研发设计、原料采购、加工制造、物流运输、订单处理、批发经营、终端零售等环节。在我国传统制造业中,劳动、资本、土地、知识、技术、管理等生产要素主要集中在加工制造、物流运输等中端环节。随着我国网络大国地位逐渐稳固,互联网产业催生出了广阔的消费市场空间,有效引导了新兴制造业生产要素向订单处理、批发经营、终端零售等末端环节流动。然而,生产要素在研发设计、原料采购等环节则呈离散分布,尚未形成规模集聚,致使我国制造业产业链前端创新内生动力不足,供需关系异步,产业基础薄弱。

工业互联网是制造业全产业链生产要素的态势感知和资源配置平台,有助于充分发挥我国基本经济制度优势和超大规模的市场优势,围绕"巩

固、增强、提升、畅通"方针，从供给侧出发，以市场为主体引导劳动、资本、土地、知识、技术、管理、数据等生产要素向制造业产业链的"断链"集聚，加速产业基础高级化、产业链现代化进程。工业"四基"是我国制造业产业链的短板，已成为制造强国建设的瓶颈。先进基础工艺是工业"四基"之一，其应用程度不高和共性技术缺失是制约传统流程行业数字化转型的瓶颈。在钢铁制造行业，针对炼铁高炉高温、高压、密闭、连续生产的"黑箱"特性，东方国信 Cloudiip 工业互联网平台以数据作为核心要素，耦合工业机理与经验黑盒，下沉炼铁高炉的共性先进基础工艺模型，将其广泛应用于钢铁制造业，已完成全国约 20% 炼铁产能的数字化及智能化升级，覆盖企业 216 家，使用人数 10 万人，实现单座高炉创效 2400 万元 / 年，预期行业推广创效 200 亿元 / 年，二氧化碳减排 2000 万吨 / 年。

（二）工业互联网促进制造业产业链集聚向集群演进

集群式产业链是企业和机构由线性连接向网络化共生进阶的组织形态，其具备体制创新、科技创新、要素协同、产业规模等优势，是制造业向中高端迈进的标志性业态，是落实主体功能区战略，完善空间治理，形成优势互补、高质量发展区域经济布局的关键驱动。我国制造业产业链集群化态势初步显现，但先进性制造业集群的培育仍处于初级阶段，相比世界级制造业集群，表现出产业基础能力薄弱、核心技术缺乏、共性技术溢出性欠佳、政企资源联动不足、产业链整体水平偏低等内生性困境。

工业互联网是支撑制造业集群要素资源高效协同的共享服务平台，有助于提升集群组织联动性、产业根植性、生态包容性，加速集群科技创新体系和产业应用体系的构建，推动先进制造业与现代服务业深度融合，催生新兴服务型制造业和生产性服务业。针对南海五金制造业聚集区构成企业产业链分工分散，技术创新滞后，生产效能、利润附加值偏低，先进管理与技术人才匮乏等发展制约因素，基于海量工业知识和算法、机理模型的徐工信息汉云工业互联网平台和具备 5G 链接、AI 智能、鲲鹏计算优势的华为 FusionPlant 工业互联网平台联合示范打造了我国首个五金产业集群一站式解决方案，通过打破政产学研金"信息孤岛"，促进了五金垂直领域行业产业链企业和机构间的数据集成应用，搭建了系统化和规范化的服务保障体系，助力产业链龙头企业、行业骨干企业、专精特新中小微企业、平台型企业和机构等发挥重要作用，有效释放出各类主体融合发展潜力，并将在全国多个先进制造业集群推广构建基于行业特点的工业互联网解决方案。

（三）工业互联网使制造业集群向全球化市场跻身

全球制造业格局正在发生深度重构，中低端产业链加速向具有要素、交易、制度成本优势的国家转移，中高端产业链则不断向具有科技创新活力和产业生态优势的国家聚集。相比于发达国家，我国制造业产业链技术和资本积累仍显不足，在全球化市场中的产业链位阶和价值链份额处于偏低水平。在制造业全员劳动生产率上，我国每人每年创造的增加值为 19.5 万元，仅是美国的 19.2%，德国的 27.8%。同时，我国缺乏类比美国通用、德国西门子等国际龙头企业，对产业链的统筹布局能力、标准制定能力和风险抵御能力均显薄弱。

工业互联网是第四次工业革命的重要基石，是全球主要经济体应对新一轮产业竞争的共同选择，其发展正处于格局未定和面临重大突破的战略窗口期。工业互联网推动制造业高质量发展为我国重塑产业基础能力，打造世界级先进制造业集群，培育国际级龙头企业，参与国际标准制定，抢占全球中高端产业位阶提供了宝贵的历史契机。海尔集团依托COSMOPlat 工业互联网平台成功从家电行业的传统制造业企业转型升级为引领世界下一代制造业发展的"灯塔工厂"，其提出并实践的大规模个性化定制模式，重塑了制造业产业链格局，已先后主导和参与了 5 项国际标准、29 项国家标准制定，覆盖大规模定制、智能制造、智能工厂、智能生产、工业大数据、工业互联网六大领域，其中大规模定制标准成为 ISO 首个立项通过的智能制造模式标准，也是由我国主导的首项针对制造全过程管理的国际标准。

十一、工业互联网是数字基建的战略核心支撑

消费互联时代，消费大数据支撑数字经济蓬勃发展，仅 2018 年我国数字经济总量占 GDP 比重达 34.8%。而工业互联时代，工业数据呈指数级增长。继中共中央在十九届四中全会决定中首次提出将数据作为生产要素参与收益分配之后，近期党中央、国务院印发的《关于构建更加完善的要素市场化配置体制机制的意见》更是明确将数据作为一种新型生产要素，并通过诸多实质性举措充分发挥数据对其他要素效率的倍增作用，培育发展数据要素市场。由此可见，工业大数据中心、工业互联网和 5G 是数字基建的建设核心，需要整合力量加大投入。

（一）数字基建发展亟须顶层统筹与优化布局

一是我国数字基础设施建设缺乏统一规划。新一代数字基础设施并

非孤立存在，而是互相渗透、融合发展。如 5G 是工业互联网核心网络支撑，数据中心是工业互联网平台的重要载体，人工智能是工业互联网的关键技术。目前我国尚未形成统一的数字基础设施建设规划，无法形成合力。同时推动以工业互联网为代表的数字基建需进一步凝聚共识。

二是工业互联网行业应用、区域赋能有待进一步深入。当前工业互联网行业应用面临一定困难，一方面是因为隔行如隔山，另一方面则因多部门分治。工业互联网赋能区域经济，存在着地方接受滞后或无法汇聚工业大数据、企业数字化转型比较慢、工业互联网平台企业太少等问题。

三是工业互联网大数据中心全国一体化建设亟须布局。工业互联网和工业大数据中心行业属性明显，各行业应用需求多样，区域经济具有产业集聚属性，行业和区域工业大数据汇聚困难。我国已建和在建的数据中心大多是聚焦消费互联时代的 IDC 机房，建设者主要以互联网公司为主。进入工业互联时代，目前的数据中心难以满足工业数据存力与算力的巨大需求，以及国家对工业数据的安全保障。

（二）工业互联网体系化是数字基建科学布局的关键

一是统筹数字基建体系布局，形成系列"组合拳"。统筹开展"工业互联网 + 工业大数据中心 +5G"的数字基建体系化协同布局，避免孤立零散式发展，形成数字基建"组合拳""驱动力"。在总体布局上，纳入 5 年发展重点规划，与财政政策相配套；国家与地方项目建设相互衔接呼应，注重区域协调联通，同时根据东西部资源需求和供给差异进行科学规划布局。在建设内容上，突出工业互联网、5G 等战略性、全局性项目，同时将工业大数据中心放在优先位置，推动大型数据中心有序建设和使用、小微型数据中心升级改造。此外，开展数字基建对 GDP、税收、就业的贡献力研究，同时加强评价考核力度，以评促建，总结先进模式，推广建设经验。

二是开展部际与部省合作，推动工业互联网向行业、区域协调纵深发展。通过部际合作，聚焦医疗卫生、应急管理、建筑、能源、安全生产、交通运输等重点领域，研究制定并发布一批工业互联网行业应用行动指南，提升行业数字化、网络化、智能化水平，实现行业高质量发展。通过部省合作，大力推动工业互联网创新中心、产业园区、产业集群、先行示范区的建设，以产业链为抓手带动长三角、粤港澳、京津冀、成渝等区域工业互联网协同发展。从试点到示范，持续开展工业互联网项目遴选，推动建设国家工业互联网试点示范、体验推广中心及新模式应用项目，提升辐射带动能力、产业聚集水平和区域协作能力。

三是加快"国家工业大数据中心＋行业大数据中心＋区域工业大数据中心"一体化建设。加快推动国务院发布实施《工业互联网大数据共享行动计划》，建立健全工业大数据共享体制机制。建设三级联动的国家工业大数据中心，汇聚工业数据，为政府提供对数字经济的统计、预警和预测的支撑能力。通过数据汇聚，可有效优化行业产业企业的全生命周期的价值空间，促进数字经济高质量发展。

李礼辉

中国银行原行长、
中国互联网金融协会区块链研究工作组组长

第六讲

从区块链技术架构到数字经济国家战略

习近平总书记指出：要把区块链作为核心技术自主创新的重要突破口，明确主攻方向，加大投入力度，着力攻克一批关键核心技术，加快推动区块链技术和产业创新发展。习近平总书记的讲话，站在数字经济国家战略的高度，指明了区块链技术和产业创新发展的主攻方向、关键路径和基本原则。

区块链具有特别的技术架构、特殊的技术优势、特定的应用场景，基于区块链技术的数字货币可能成为数字经济变革的基本工具。本文着重探讨区块链技术的特殊优势、数字货币的潜在特性及数字经济国家战略。

一、区块链的技术优势及应用

技术的维度，区块链可以定义为基于对等网络、共识机制、智能合约、加密算法的分布式共享账本。

经济的维度，区块链可以理解为可信任、可交互、可加密、可共享的价值链。

区块链是多种技术的集成创新：一是基于时间戳的链式区块结构，上链数据难以篡改；二是基于共识算法的实时运行系统，指定数据可以共享；三是基于智能合约的自规则，技术性信任可以认证；四是基于加密算法的端对端网络，交易对手可以互选。

按照不同的技术架构，区块链可以分为"公有区块链"、"私有区块链"和"联盟区块链"。

（一）公有区块链

公有区块链架构的基本特征：采用开放读写及交易权限的去中心化

分布式账本，采用共识算法及加密算法的去中介数字信任机制，实行工作贡献证明及权益证明的虚拟货币激励机制。比特币的技术平台就属于第一代公有区块链。

公有区块链架构的技术性缺陷：硬件需求高，交易速度低。一是海量数据存储需要巨大的空间，二是数据同步需要高速的网络，三是各个节点的运行能力需要达标和均衡，四是频繁计算需要消耗巨大的电能。因而无法适应规模化、高速度的应用场景。近几年，区块链技术研发聚焦于突破交易速度和资源利用效率的瓶颈。从实验项目看，采用联盟区块链架构比公有区块链架构在规模化应用上具有更明显的优越性。

2017年开始，全球集中出现100多个基于公有区块链架构的"分布式商业"（DApp）项目，试图打造规模化的公有区块链平台，形成点对点、去中心的分布式商业模式。这类公有区块链项目，一度被区块链的投资者和创业者寄予很高的期待。投资者和创业者最初预测，DApp应用将形成集群效应。假如1个公有链有1亿个DApp，每个DApp创造10万美元价值，这个公有链就有10万亿美元的价值。不过，市场是理性和冷酷的。分布式商业模式项目由于不能适应真实的市场需求，很快归于沉寂。例如，2018年最大的公有区块链项目EOS，日活跃用户只有几万，不足以支撑投资成本和运营成本，更谈不上赢利。

值得关注的是，有人提出，基于公有区块链的"分布式商业模式"将引起"颠覆性变革"：一是所有的商业中介、信用中介都将被数学算法所取代，未必需要中心化组织，未必需要中介成本，商业的可扩展性可以变得无穷大；二是数字世界的治理机制只是数学算法，未必需要法律，未必需要执法者。

这里提出了一些制度性的课题：在数字化的自组织经济业态中，数学算法能否成功地替代中介、替代法律、替代执法者？算力优势是否会构成垄断、妨碍公平？

关于公有区块链的应用前景，人们有不同的看法。我认为随着区块链技术的迭代演进和区块链技术应用的沙盘试验，公有区块链只有突破交易速度和资源利用效率的技术瓶颈，并且达成公众认可的可靠性，才有可能扩大在社会生活和现代商业中的领地。

（二）私有区块链

私有区块链架构的特征：分布式账本是有中心的，读写及交易权限必须得到"中心"的许可并接受"中心"的约束和限制，私有链的数字信任机制并不强调去中介。

私有区块链具有类似于传统信息技术架构的中心化特征，但采用了分布式账本、智能合约、加密算法等区块链技术，区块链平台与现有信息技术平台容易集成，可以建立局域性的多维度交互架构，提高数据处理的速度和品质。

有专家认为，私有区块链并非真正的区块链。

（三）联盟区块链

联盟区块链一般意义上可以看作私有区块链的集合，采用分布式、多中心、有中介的架构。其基本特征是开源式、多中心的分布式账本，有限许可、有限授权的读写及交易权限，不强调去中介的数字信任机制。

区别于传统的大中心数据架构，联盟链的"中心"地位可以不是行政指定的，而在很大程度上取决于技术先进性、服务友好性的竞争结果；"信任"可以来自中介、依托传统信用模式，也可以是去中介的技术性信任。

上述公有区块链、私有区块链、联盟区块链之间的主要区别在于读写许可的尺度不同，去中心化的程度不同，但三者都采用了分布式、可信任、可加密、端对端的技术架构。因此，数字信任和立体交互正是区块链技术具有超越传统信息技术的潜在优势。

一是数字信任。

大数据技术最先应用于建立数字信任。早在 2016 年，蚂蚁金服和网商银行就应用大数据技术挖掘小微企业的信用，为 500 多万户小微企业累计发放贷款 8000 多亿元，这些贷款流向实体经济的底层。此后，越来越多的科技平台、金融机构推出了基于大数据技术的信用服务。这里的关键是，通过数据挖掘发现信用，创造信用，发掘大众的信用价值，推进信用普及。

区块链可以建立一种"技术背书"的信任机制，通过数学方法解决信任问题，以算法程序表达规则，只要信任共同的算法程序就可以建立互信。在保持商业信用的同时，区块链增加了技术性的信任方式。

区块链通过"共识协议"和编程化的"智能合约"，可以嵌入相应的编程脚本。这种可编程脚本本质上是交易各方自定义并共同确认的规则，技术上是众多指令汇总的列表：一是实现价值交换时的针对性和筛选性，即交易对手的限制；二是实现价值交换中的限制性或条件性，即交易中的各项约束；三是实现价值的特定用途，可以在发送价值时自动执行对价值再转移条件的约束。这就可以自行确定并交付执行交易各方认同的商业条款，可以引入法律规则和监管控制节点，确保价值交换符合契约原则和法律规范，避免无法预知的交易风险。

数字信任的价值在于：可以在信任未知或信任薄弱的环境中形成可

信任的纽带，节约信用形成所需的时间和成本，在一定范围、一定程度加持商业信用；可以在广域、高速的网络中建立零时差、零距离的认证工具，提高物联网的实际效率和运行可靠性。进一步分析，数字信任的主要优势是高效率、低成本的普惠性。

目前，数字信任的应用范围并不大。未来，数字信任有可能实现五个可信：数据可信、产权可信、授权可信、合约可信和法人可信。这不仅将重构工业模式，实现价值链、供应链、指挥链的一体化，也将重构金融模式，实现信息流、物流、资金流的一体化。

二是立体交互。

区块链的分布式、端对端架构有助于信息并行传递，实现信息共享，管控并行交叉，在交易对手多、交易环节多、管理链条长、离散程度高的场景中，可以构建时空折叠、立体交互的商业架构，提升合作效率和运营效率。

区块链采用的链式区块数据结构、共识机制、时间戳和密钥等技术，有助于在多方参与的立体交互场景中，防止原始数据被篡改，控制数据泄露风险，保护隐私和数据安全。

我们熟悉的信息技术架构是大中心化、局域封闭式的，我们熟悉的商业社会是市场主体各自独立、平面交互式的，我们熟悉的传统信用机制是自成体系、分立割据的。

区块链技术的亮点是，建立数字信任和立体交互架构，有可能再造商业模式，提高资源配置效率。

例如，金融交易具有两大特点。一是高并发、多平台。支付结算、外汇交易等业务的并发交易峰值每秒高达万笔。金融服务通常涉及资产方、负债方、委托方、管理方、审计方、中介方等不同角色，必须达成多方实时共享共管。二是可靠性、安全性。金融的业务性质是用别人的钱做自己的生意，金融的行业特征是无时不在无处不在的风险，金融的社会属性是经济枢纽、百姓钱包。在金融领域应用新技术，必须保护客户信息的安全，保护金融资产的安全。

应用联盟区块链技术，有可能构建大中小型金融机构共同参与的分布式账本系统，形成金融机构互联互通的技术平台，实现现有系统与创新系统的无缝连接，实现信息共享、产品共享、服务共享，提供更高效率的金融服务。

例如，在供应链金融场景中，可以建立多方协作架构，将核心企业信用传导至更多层级，还可以将商业约定纳入智能合约，防止资金挪用和恶意违约。中国人民银行在深圳推出的贸易金融区块链平台，可以实现供应链应收账款多级融资、跨境融资、国际贸易账款监管、对外支付税务备案表等业务上链运行。万向应用区块链技术建设汽车物流和石化物流管理及融资平台，实现对货运卡车、仓储设施、货物规格数量的精准识别和实时定位，可以提供 T+0 的供应链金融服务。

又如，在跨境支付结算场景中，可以建立付款方、转账服务商、银行、收款方等参与主体的多方互信，可在执行反洗钱与合规检查的过程中实现信息共享和监控同步，从而优化流程，提高效率，降低资金占用成本。

在数字资产存证、保险核保理赔、库存融资、资产证券化、风险评估、外部审计、金融监管等金融场景中，区块链技术应用也已初见成效。

区块链技术应用可以实现公共服务与金融服务的无缝连接。上海市口岸办、海关、中国人民银行等政府机构联合金融机构，应用区块链等数字技术，推出国际贸易"区块链+"单一窗口平台，兼具"监管+服务"十大功能板块、53项应用，对接22个部门，覆盖国际贸易主要环节和监管全流程，能够为企业提供国际贸易相关的公共服务，并延伸提供数字金融保险、供应链金融等服务。

国家信息中心、中国银联、中国移动等发起组建**区块链服务网络BSN发展联盟**，构建统一的密钥体系、统一的运维机制，解决底层平台异构问题，打造跨局域的联盟区块链基础设施。BSN采用微众银行的开源区块链底层平台FISCO BCOS，可以构建完整的加密算法体系，支持国密SM1、SM2、SM3、SM4等系列标准，提供全周期敏感数据隐私保护；可以构建全套监管解决方案，执行穿透式监管，所有数据可审计、可追溯。

区块链技术应用可以实现管理信息共享。首都机场、上海机场、国际航空电讯集团、国航、东航共同研发基于区块链技术的机场数据共享平台，实现联盟互信、定向保密、实时同步的数据共享，提高机场管控、航班执行、旅客服务和行李追踪的效率。

区块链技术的"暗点"是，端对端、零距离的数字交互，可能冲击金融业的中介地位。

恰恰是平面交互的经济结构赋予金融业至关重要的中介地位，包括信用中介、交易中介、支付中介。中介，是金融业的本源，是金融业的财源。而区块链等数字技术的广泛应用，有可能产生弱中介、去中介的效应。

例如，未来的数字资产市场将包括4类数字资产：

一是存款、债券、股票、票据等金融资产，在数字资产市场中获得认证、定价并进行交易，实现产权的让渡和转移。

二是酒店、住房、汽车、设备、工具、景点等实体资产，在数字资产市场中获得认证、定价并进行使用权的交易。

三是游戏、音乐、影视、著作、授课等数字化产品的使用权，在数字资产市场中获得认证、定价并进行交易。

四是通过证券化安排、具有收益权、具有投资价值的数字产品，在数字资产市场中按份额进行交易。这类数字资产的所有者可以保留所有权，让渡完整的使用权和份额化的收益权。

数字资产市场区别于传统金融市场的主要特性是，数字资产市场有可能淡化交易中介。利用区块链的智能合约机制和人工智能的智能定价、智能撮合机制，数字资产市场有可能建立公平对等、点对点的直接交易机制，从而淡化中介。

金融的内核在于中介。区块链技术平台的去中介效应，有可能冲击传统的金融模式。如果金融中介的经济职能被淡化，那么，金融中介业务的市场空间就可能被压缩。因此，在数字化时代，金融业必须创新中介功能定位。

二、数字货币的潜在特性及其变革

2009 年，基于区块链技术的比特币刚面世时，几乎是静默无声的。10 年后的 2019 年 6 月，由全球社交网络巨头脸书（Facebook）主导的数字货币 Libra 白皮书正式发表，则给全球金融圈带来巨大震撼。这是因为，Libra 的技术平台是区块链，而它的目标是，成为一个不受华尔街控制、不受中央银行控制，可以覆盖数十亿人的全球性货币和财务基础设施。最近，我国的法定数字货币在很小的范围内开始试点，这是全球第一个进行试点的法定数字货币，因而受到高度关注。

采用数字化技术的货币形式可以称为数字货币，我把数字货币区分为法定数字货币、虚拟货币、可信任机构数字货币和超主权数字货币。

（一）法定数字货币

关于法定数字货币，业界的看法相对一致。人们需要特别关注的是，法定数字货币将如何替代传统的法定货币。

我认为，具有法定地位、具有国家主权背书、具有发行责任主体的数字货币构成法定数字货币，或称中央银行数字货币。

英国、加拿大、荷兰、澳大利亚等国的中央银行在5年前宣布启动数字货币研发。不过，数字货币必须应用的数字技术，包括共识机制、分布式账本等区块链技术，以及加密算法、对等网络等基础组件技术，目前还无法达到规模化市场的高并发需求。因此，关于法定数字货币的技术路径和基本架构，各国还在研发和论证，尚未最终做出抉择。

多数专家学者认为，法定数字货币具有潜在的好处。

一是可以替代现钞，节省现金流通的成本。法定数字货币可以便捷支付、无现钞支付，有利于节省现金流通成本，有利于提高资金周转速度和运用效率，有利于防范假币，特别是在偏远而又辽阔的地区，以及在跨境支付的场景中，能够成为可靠的、低成本的支付工具。

二是可以强化支付系统的公共属性，推进普惠金融。法定数字货币可以点对点支付、端对端支付，能够为公众提供安全性高、流动性好的支付工具，节省交易成本，甚至可以不再需要商业银行账户，不再需要商业银行中介。

三是可以确保金融交易的可靠性，拓展数字资产市场。在数字资产市场中，法定数字货币应用智能合约和密钥技术，能够按照商业约定和法律规定自动执行价值转移。

四是可以精准调节货币供应，加强货币流通市场管控。中央银行可以拥有实时、完整、结构化的货币流通数据，有利于实现货币供应总量的精准调控。资金流信息可以实时观察、全程追踪，从反腐败、反洗钱、反恐融资、反逃税的角度看，能够实现更好的管控效果。

与此同时，专家学者对法定数字货币潜在的风险和问题也有所关注。

一是可能削弱商业银行的初始信贷能力和盈利能力。存款可能从商业银行流向中央银行，迫使商业银行提高利率以获得资金，留住客户。

二是可能更容易触发系统性金融风险。当金融市场出现波动时，信用等级较低的商业银行可能出现难以控制的数字货币存款挤兑，并引发连锁效应。

三是中央银行拥有货币市场调控更加直接的权力，但可能承担更加直接的责任。央行资产负债表将大幅度扩张，经济危机发生时央行必须向商业银行提供更多的流动性支持。

我国人口数量居全球之首，市场规模居全球之最，研发法定数字货币，理应更加关注高并发市场中数字货币工具运行的可靠性和安全性。

本文根据央行官员公开披露的信息做一些解读。

我国法定数字货币可能称作"数字货币与电子支付"，即 DC/EP（Digital Currency/Electronic Payment）。

一是采用双层运营投放体系，传承间接发行模式。

应用分布式账本技术，法定数字货币可以选择"中央银行—公众"的直接发行模式。如果采用直接发行模式，中央银行可以直接吸收公众存款，这将削弱商业银行的初始信贷能力，也将重构货币发行和货币政策传导的格局。

我国的法定数字货币应该不会选择"中央银行—公众"的直接发行

模式，而会采用双层运营投放体系，维持"中央银行—商业银行—公众"的间接发行模式，以保持现行的货币市场运行机制和货币政策传导机制。传承现行模式的好处是节约和稳健：第一，不必另起炉灶再造金融基础设施，有利于节省投资；第二，不必除旧布新重构货币发行与管理格局，有利于管控风险；第三，不必瞻前顾后衔接不同特性的货币发行模式，有利于稳定市场。

二是采用并行技术路线，坚持央行中心管理模式。

一些权威专家认为，"现有的区块链技术无法达到超大市场零售级别的高并发需求"。基于这样的判断，法定数字货币目前应该会保持技术中性，不依赖单一技术。可能采用"赛马"机制进行技术路线的竞争，指定不同机构采取不同技术路线并行研发，通过技术竞争和市场选择实现法定数字货币的系统优化。

更重要的是，中央银行将会坚持中心化的管理模式，以保证货币政策传导机制的可靠性，保证货币调控的效率。

央行对智能合约一直保持审慎的态度，但可能会支持有利于货币职能实现的智能合约技术应用。

三是采用"账户松耦合"方式，替代货币 M0。

大家熟悉的微信支付、支付宝等电子化支付工具，采用的是"账户紧耦合"的方式，需要绑定银行账户才能进行价值转移。在实名制的账户管理制度下，无法实现匿名支付的需求。

我国的法定数字货币可能采用"账户松耦合"加数字钱包的方式，这可以脱离银行账户实现端对端的价值转移，减轻交易环节对金融中介的依赖，并且可以实现可控匿名支付。

目前我国法定数字货币的设计可能只限于替代 M0，即流通中的现金，而非狭义货币 M1 和广义货币 M2。

在我国，微信支付、支付宝应用数字技术，构建以信任链接为纽带的移动支付和生活服务平台，突破传统支付模式，占领零售支付市场，已经实现 10 亿级的直线链接，在全球移动支付平台中排名前两位。需要明确的是，微信支付、支付宝只是支付工具，而非数字货币。微信支付、支付宝只是依托数字技术平台提供交易、支付和清算服务，实现以法定货币计价和记账的价值转移。

那么，我国的法定数字货币将如何影响人们的经济生活？

一是去现钞，让日常生活更便捷。近 5 年，由于微信支付、支付宝占领了零售支付市场，我国的现钞交易和 ATM 的交易已经大幅度缩减，银行卡成为微信支付和支付宝的账户卡，退守大额支付市场。法定数字货币必将加速去现钞的进程，而且可能在大额支付市场中逐步替代银行卡。

二是去中介，让金融竞争更充分。法定数字货币技术上可以脱离网络、脱离银行、脱离账户执行价值转移。这将导致银行账户"松绑"。金融消费者一旦减少了对银行账户的依赖，就可以更加自由地选择金融服务和金融机构，金融竞争将更加充分。金融机构过去依赖规模化经营才能获得的成本管理和获客能力优势，未来将在很大程度上取决于数字技术创新和应用的能力。这将改写金融市场竞争的格局。

如何判断法定数字货币的发展前景？

尽管法定数字货币具有区别于微信支付、支付宝的行政权威地位优势，但最终能否替代传统货币形式，取代新兴的电子支付工具，成为主要货币形式和主要支付工具，将会是一个市场抉择的过程。

影响市场抉择的要素是：使用是否更加便捷，流通成本是否更低，大众是否乐于接受，是否能够形成具有商业价值的经济规模。

(二) 虚拟货币

关于虚拟货币，业界的看法不尽一致。这里只是个人的粗浅认识。需要特别关注的是虚拟货币的经济土壤及固有缺陷。

2009 年，比特币（Bitcoin）问世。此后一些公有区块链社区相继推出不同名称的 coin 或 token。如何定义 coin 或 token？有的强调数字技术特征，将 coin 称为"加密数字货币"；有的强调金融属性，将 token 称作"通证"。我的看法是，如果认同货币的本质是"一种关于交换权的契约"，就应强调"交换权"的经济依托及其金融属性。coin 或 token 不仅在虚拟社区内成为价值标记和支付工具，而且可以与法定货币交易，形成交易价格，也就具备了金融工具属性。因此，将 coin 或 token 定义为"虚拟货币"可能更为贴切。

同时应该明确，由于虚拟货币没有合格发行责任主体、没有实体资产支撑、没有足够的信用背书，因而区别于法定数字货币，区别于可信任机构数字货币。

2009 年，当比特币带着区块链标签面世时，很少有人能够洞察未来。最近两年，虚拟货币大起大落，暴跌暴涨；有人挖矿，有人投机；有人发财，有人破产；极少数获准成为证券，大多数涉嫌非法集资。

虚拟货币的历史不长，但派生的花样不少。

一是"虚拟货币上市融资"（Initial Coin Offerings，ICO）。据不完全统计，全球 ICO 融资规模 2014 年只有 0.26 亿美元，2016 年突破 2 亿美元，2017 年上半年冲高到 12.66 亿美元，其中我国国内的 ICO 融资规模折合人民币超过 26 亿元，占比高达 31.5%。ICO 属于众筹融资，未经批准的 ICO 可能涉嫌非法集资。

二是"分叉币发行"（Initial Fork Offerings，IFO）。比特币采用"去中心化"架构和有限的区块规格，随着时间的推移，挖矿所需占用的算力资源越来越多，网络拥堵越来越严重，交易成本越来越高。出于不同的技术解决路径和不同的利益诉求，比特币社区出现分裂，2017 年 8 月第一个分叉币"比特币现金"（BCH）问世，此后陆续分出"比特币黄金"（BTG）、"比特币钻石"（BTD）、"超级比特币"（SBTC）等。

三是"稳定币"。在虚拟货币价格跌宕起伏之时，"稳定币"破土而出。市场份额较大的"稳定币"是 Tether 公司的 USDT。Tether 公司声称严格遵守1∶1的准备金保证；USDT 与美元挂钩，用户可以随时用 USDT 与美元进行1∶1的兑换。较大的"稳定币"还有 TUSD、USDC、PAX、GUSD 等。在虚拟货币交易平台上，"稳定币"的总市值 2020 年7 月初约为 120 亿美元。"稳定币"账户不透明，缺乏权威性监管。全球性的会计师事务所不愿为"稳定币"背书，投资者看不到经过权威审计的账目。换句话说，"稳定币"可能存在信用风险。

四是比特币"减半"。虚拟货币是公有区块链社区通行的激励工具。按照比特币的规则，所谓的"减半"，是指矿工每开采 1 个区块所能得到的比特币奖励每 4 年减半 1 次，以控制"通货膨胀"。2020 年 5 月 12 日是第 3 次"减半"，开采 1 个区块获得的奖励由 12.5BTC 减少到 6.25BTC。由于"减半"大幅度减少挖矿产出，因此通常会导致比特币单价升高。首次"减半"之前 1 年，比特币单价在 2.5 美元左右，"减半"后 1 年最高触及 1000 美元。2016 年 7 月第 2 次"减半"之前 1 年，比特币单价在 270 美元左右，"减半"后 1 年上涨到 2500 美元。2017 年以来，虚拟货币市场投机愈演愈烈。第 3 次"减半"之前，比特币单价从 2020

年3月初的3000美元左右被推高到5月上旬的9000美元以上，5月10日上午8:00—8:30的半小时内则从9500美元高位跌破8200美元，跌幅超过13%；"减半"当日回涨2.3%。比特币未来的价格走势，可能将更多受投机因素左右。

业界对于虚拟货币的批评，简而言之，莫过于"虚"字。这并不全面。我个人认为，虚拟货币得以生存和发展，其实具有经济层面的原因。

一是虚拟货币的生存土壤。"去中心化"架构的公有区块链社区本质上属于实行自规则的自组织，通行网络共识的治理机制和发行虚拟货币的激励机制，虚拟货币是参与者认可的等价物和支付工具。

二是虚拟货币的市场需求。虚拟货币有发行限额但可以无限细分，虚拟货币交易可匿名、可跨境、难管制，既可用于公有链社区，也可用于灰黑色交易，可能成为资金非法流动的工具和投机交易的工具。全球"暗网市场"一直存在毒品、枪支、色情等非法交易，规模难以计量，这些灰黑色经济活动，需要"地下"可信任、"地上"难管控的支付工具。在前些年发生的"勒索病毒"事件中，黑客大多要求以比特币交付赎金，也是看中了虚拟货币的隐蔽性。

三是虚拟货币的投机市场。例如，比特币大账户把握在少数人手里，有人估算，40%的比特币由大约1000个账户持有。这些"关键少数"位于食物链顶端，有可能操纵市场，掌控价格。值得关注的是在币圈市场上的散户，他们信奉风险投资逻辑，认为顺应潮流就是投资的基本准则，不必区分虚实，只要共同参与，一旦形成利益共同体，虚拟的货币世界就不会坍塌。但是在一轮又一轮的市场跌宕中，不少散户被"割韭菜"，不少投机者损失巨大。比特币市场一位大佬说，这个市场更像个赌场。据说2019年他用100倍杠杆做空1600枚比特币，但遭遇狙击，损失惨重。

四是虚拟货币的造币成本。例如，比特币经由"挖矿"产生，必须依据特定算法计算哈希值，并经分布式账本系统确认一致。"挖矿"成本包括电费、工资、折旧、租金和维护费，有人测算目前每枚比特币成本在 4000 美元左右。

这里，我想特别强调虚拟货币的固有缺陷。

虚拟货币的技术性缺陷来自"去中心化"的公有区块链架构。在这种架构下，全网验证需要超大规格的数据同步，因而难以解决交易效率问题，确认 1 笔交易的时间需要数秒到数分钟，无法适应规模化金融交易的需求。

虚拟货币的经济性缺陷在于，缺乏足够的实体资产支撑和信用背书，价值不稳定，投机性太强。2018 年，比特币触底 3158 美元，比最高价缩水 84%。全球虚拟货币总市值由年初的 8350 亿美元下降到 1100 亿美元，跌幅接近 87%。

那么，如何预判虚拟货币的发展前景？

我认为，基于经济层面的因素，虚拟货币还将生存和发展，极少数可能扩张领地，大多数只能偏居一隅。未来，虚拟货币依赖的区块链底层技术创新只有突破规模化应用的瓶颈，虚拟货币的运行机制更新只有解决价值稳定问题，才有可能进入大众化的交易和支付场景。上述两个"只有"，是应该同时满足的前提条件，但现在看还难以做到。

我也认为，投资有风险，投机有大风险，比特币等虚拟货币市场的跌宕起伏也已经证明，虚拟货币投机有更大的风险。

（三）可信任机构数字货币

我把具有公信力的机构包括金融机构发行的数字货币，称为可信任机构数字货币。

这里提出"可信任机构数字货币"的概念，主要是基于这样一些考虑：能够成气候的数字货币必须是可信任的，法定数字货币因为法定地位和国家主权背书而可信任，其他任何机构的数字货币要做到"可信任"，必须具备如下品质：

具有公众信任机构的信用背书；

具有商业价值的客户规模；

具有高效可靠的金融交易和支付平台；

具有可审计的金融资产支撑；

具有行政许可的市场准入。

近年来，可信任机构数字货币陆续进入金融市场。

2017年7月，高盛获得美国专利商标局首个数字货币专利，高盛的数字货币SETL coin首先瞄准证券交易清算市场，以避免传统清算方式的风险。

2019年2月，摩根大通宣布推出数字货币JPM Coin和银行间清算系统Interbank Information Net，计划链接400家银行，意图替代SWIFT系统。

2019年3月，IBM和Stellar的区块链主网IBM BWW（Blockchain World Wire）上线，用于数字资产交易和结算，支持多种法定货币和数字货币实时汇兑。

瑞士联合银行主导的13家跨国银行计划于2020年推出基于分布式记账技术的"多功能结算币"，以美元、日元、欧元、英镑等主要货币计价，用于清算和结算交易。

上述这些金融机构推出的数字货币，主要用于范围有限的金融交易。

然而，Facebook 准备推出的数字货币 Libra，一开始宣称的目标则十分高调：不受华尔街控制，不受中央银行控制，覆盖全球各个角落。这也许足以吸引大众眼球，但也足以引起金融监管的担忧和权势资本的恐慌。这就使 Libra 一开始就倍感监管压力。在 Libra 协会于 2019 年 10 月 14 日召开首次理事会之前，Visa、Master、Stripe、eBay 和 PayPal 等支付巨头宣布退出项目。

那么，Libra 到底具有哪些颠覆性的潜力？ Libra 白皮书 1.0 有三个重点。

一是行业巨霸联合创始，覆盖巨大客户群体。

Libra 由 Facebook 牵头，现有联合创始机构 21 家，包括线上支付、电信运营商、线上旅游、线上打车、电商平台、流媒体音乐平台、线上奢侈品平台等，可以为 Libra 提供足够的信用背书，拥有覆盖全球的超过 20 亿的客户群体。

二是应用数字技术，构建独立的金融基础设施。

Libra 应用联盟区块链的分布式对等架构，应用隐私计算技术保护数据隐私和数据安全，应用 Calibra 数字钱包，提供可以覆盖全球各个角落的点对点、端对端的交易和转账平台，不再需要银行，不再需要第三方支付机构。

三是以硬资产做支撑，维护独立数字货币的价值。

Libra 协会成员的投资和用户购买 Libra 的法定货币，都将成为储备金，用来支撑 Libra 的价值。Libra 用储备金进行低风险低回报的投资，与低波动率实体资产捆绑，以保持价值稳定。

Libra 选择在瑞士注册，但能否得到各国金融监管部门的许可，关键在美国。美国近几年陆续颁发了一些数字货币牌照和数字钱包牌照，在法律上似乎没有足够的理由拒绝 Libra 的申请。

面对金融监管机构、中央银行以及政客的担忧和质疑，Facebook 如何寻求冲破重重障碍的可行路径？近来，Facebook 两栖作战，水陆并进，似乎取得了一些进展。

其一，将 Libra 提升为国家的经济金融战略。

在法规之外，还有什么足以打动美国政客和政府？应该是国家的经济金融战略。2019 年 10 月 23 日，在美国众议院金融服务委员会长达 6 小时的听证会上，Facebook CEO 马克·扎克伯格一再强调，Libra 并不试图创建全新的主权货币，只是一个全球支付系统，而且在储备金中美元占最大比例；这将扩大美国的金融领导地位，以及在世界各地的民主价值观；如果美国不进行创新，全球的金融领导地位将没有保证；中国在技术创新方面超过美国，部分支付基础设施领先于美国，美国必须建立更加现代化的支付基础设施。

其二，严格遵循美国的金融监管法规。

Libra 要达到西方国家的市场准入门槛，必须解决一些重大问题，主要是技术平台的效率和可靠性，商业运行模式的可行性和透明度，金融合规管控的实现路径和可信度。

2019 年 10 月，我曾经提出：如果美国试图保持金融霸权地位并夺取数字货币全球主导权，有可能对 Libra 给予附加限制性条件的行政核准，例如，要求 Libra 锚定的法定货币篮子中增加美元比重以符合美元的国际货币地位，要求 Libra 遵循关于反洗钱、反恐融资、反逃税的法律规范。

2020 年 4 月 16 日，Facebook 发布了 Libra 白皮书 2.0，在满足美国政界要求、适应金融监管规则方面做出了巨大努力，前进了一大步。

一是强化美元的货币霸权地位。

Libra 网络将新增一类数字货币：锚定单一法定货币的数字货币，如 ≈ USD/ 美元、≈ EUR/ 欧元、≈ GBP/ 英镑等。与此同时，发行全球性数字货币 ≈ LBR，按照固定权重构成货币篮子，类似于 IMF 的特别提款权 SDR。

Libra 协会认为，对于在 Libra 网络上没有单一数字货币的国家，≈ LBR 是中立而且稳定的替代方案，可以作为支付和结算工具。

Libra 数字货币系统的基本依托是美元。Libra 或将成为数字经济时代美国继续推进美元货币霸权的工具。

二是强化金融合规标准。

2019 年 6 月，Libra 白皮书 1.0 宣称应用有中心的联盟区块链架构，但说明将在 5 年后采用去中心化架构。2020 年 4 月公布的白皮书 2.0 则表示，将保持中心化的技术架构。

Libra 协会承诺，将制定金融合规和全网风险管理的综合框架，建立反洗钱、反恐、遵守制裁和防范非法活动的严格标准，打击各类金融犯罪。

Libra 协会承诺严格执行市场准入制度，负责对协会会员和指定经销商进行全方位的尽职调查，调查涵盖合规信息证明、经济能力证明，并且验证程序节点技术能力。对于破坏 Libra 网络完整性和安全性的会员，将予以剔除或驱逐。

Libra 协会承诺充当金融情报机构 FIU（Financial Intelligence Unit）的角色，执行金融情报监测功能，全天候监视 Libra 网络的活动，当检测到可疑活动时，依法向主管部门提交信息和报告。

如果说，Facebook 的 Libra 在 2019 年 6 月还只是一张有点惊世骇俗的草稿，那现在就应该是一套可供施工建设的工程蓝图。从现有进展看，Libra 有可能获得批准。

应该关注的是，Libra 有可能成为超主权数字货币；超主权数字货币有可能颠覆与重构全球货币体系及传统金融模式：超越国家主权，僭越中央银行，跨越商业银行。

一是可能冲击主权货币地位。货币作为一般等价物的地位本质上取决于公众的信任，"法定"只是加强了公众信任。贝壳成为原始货币并非出于"法定"，而是公众认可的等价属性。弱小国家如果遭遇重大经济困难，主权货币就可能失去国民的信任，就可能被超主权数字货币所取代。发达经济体的主权货币一般不会退出货币舞台，但可能成为超主权数字货币的锚定对象，货币地位有可能主次更替。

二是可能重塑货币霸权地位。超主权数字货币的霸权地位，将由覆盖范围、用户规模和实体资产规模来决定，全球有可能出现几个势均力敌的超主权数字货币系统。全球流通的超主权数字货币也许不再有明确的国别标签，最为重要的是公众认可的全球性商业信用和全球性数字信任。

三是可能形成跨越商业银行的金融体系。Libra 一旦形成覆盖全球各个角落的金融基础设施，就可以从支付清算入手，逐步进入储蓄、融资、投资、保险、资产交易等领域，渗透平民大众的经济生活，在进化成为超主权数字货币的同时，全面争夺金融业的市场。

四是可能影响"一带一路"倡议实施和人民币国际化进程。"一带一路"沿线国家大多数经济实力偏弱，货币体系容易受到超主权数字货币的冲击。这些国家的货币市场，一旦被美国资本主导的全球性数字货币占领，就可能排斥数字化人民币的进入。这将影响"一带一路"倡议的实施和人民币国际化的进程。

三、数字经济国家战略

区块链技术应用已延伸到数字金融、物联网、智能制造、供应链管理、数字资产交易等多个领域。如何评价区块链技术和产业发展的现状？我的看法是：区块链底层技术尚未成熟，规模化可靠应用的技术瓶颈有待突破，我们处在区块链技术和产业创新发展的重大机遇期。

（一）区块链技术瓶颈有待突破

在底层技术上，作为一种技术集成创新，区块链的数据库、P2P对等网络、密码学算法等基础组件技术相对成熟，但必须进一步达到集成应用的新要求；共识机制、智能合约等新技术有待完善。

技术咨询公司高德纳认为区块链技术发展成熟还需5—10年。

目前，各个国家均未实现区块链技术的大规模应用。我国的区块链技术研发致力于突破规模化可靠应用的瓶颈。

一是隐私计算技术。在区块链共识机制下，如何有效屏蔽敏感信息，完善签名技术、安全计算技术、加密技术、可信执行技术等，确保数据安全和数字链接可靠性。

二是真实性监督机制。如何保证上链前数据的真实性和完整性，在将区块链技术用于各类资产溯源时，真正形成闭环，避免信息失真，防止投机。

三是智能合约技术。 如何避免智能合约的技术漏洞，同时实现可控的业务逻辑修正和合约升级。

四是密钥技术。 密钥安全是区块链可信的基石。在私钥唯一性的技术结构中，如何有效防止私钥被窃取或恶意删除，并且能够对私钥丢失、被窃予以补救。

五是多元化技术平台集成。 如何优化多维度并行交互架构，实现更多参与方之间的高效链接；如何提高数据处理的品质和速率，达到超大规模、高可靠性、高安全性要求。

除此之外，**所有的数字技术，都必须实现应用程序的可靠性。** 应用大数据、云计算、人工智能、区块链等新技术的算法程序，必须具备足够的可靠性和公正性，还必须得到权威、可信的检验和认证，才能大规模应用。数字技术的核心技术目前掌握在极少数人手里，可能导致技术垄断风险和道德风险。这些都必须有效管控。

（二）核心数字技术短板有待补强

在数字技术领域，我国是数据资源大国和数字化市场大国，却是软件弱国。从已经普及的电脑、手机，到正在深度研发的人工智能、区块链，其操作系统、源代码和算法程序的知识产权，大多是由美国和日本控制的。在区块链的共识机制、智能合约等底层技术上，我国目前缺乏自主产权。我国的区块链应用项目大多采用开源区块链底层平台，进行适应性调整开发。

对国外操作系统和开源程序的广泛应用势必导致技术依赖风险。2019年11月美国和日本达成"数据协定"，将禁止国家强迫企业公开数据信息；协定的重要支柱之一，是原则上禁止国家强迫企业公开"源代码"和"算法"。2020 年 6 月 12 日，被美国商务部列入管制名单的哈工大、哈工程等高校的师生发现，学校购买的来自美国的正版软件 MAT-LAB——理工科研必备数学软件，已经被取消激活。

数字技术平等是数字经济平等竞争的基石。 即使是大国，经济上的闭环运行一般只会降低经济资源配置的效率，增加经济运行的总体成本，并影响国民消费的品质。但在关键技术领域受制于人，一旦遭遇大面积封锁，就可能造成经济失速、全球化进程受阻。因此，在高端芯片、航空发动机等硬件制造领域，在操作系统、核心数字技术等软件开发领域，我国只有补齐短板，才有可能与西方发达国家真正建立平等、互利的关系。

（三）全球货币金融体系有待再平衡

改革开放以来，我国金融业取得了前所未有的进步，金融基础设施建设取得了举世瞩目的成就。尽管如此，我们还是应该保持清醒和警惕。这是因为，美国仍然掌握全球金融体系的主导权，美元仍然占据全球货币霸主的地位。例如，环球清算系统 SWIFT 实际上由美国把控；在全球储备货币中，美元所占比重高达 60% 以上，人民币所占比重不到 2%。

美国高度重视在数字经济时代继续保持美元的全球货币霸权地位。2020 年 6 月 17 日，在美国众议院金融服务委员会举行的听证会上，美联储主席杰罗姆·鲍威尔（Jerome Powell）表示：美元数字货币必须是中央银行设计的，私营部门不负责公共利益，因此不应参与创造货币供应；数字美元如果对美国经济和作为世界储备货币的美元有利，我们就必须付诸行动；不能因为错过一次技术变革，而错失美元数字化的机会，导致美元失去世界储备货币的地位。

（四）数据孤岛有待穿越

我国长期实行的以表格为中心的统计体系，导致制度性的数据孤岛。例如，涉及企业法人的信用数据，分散在金融监管部门、金融机构、工商行政管理、税务、海关等不同征信系统中，标准不尽相同，口径不尽相同。大多数小微企业的商业行为记录湮没在市场的海洋里，没有信用标记，无法积累信用，也就不能产生信用的正价值。

10年来，大数据技术将越来越多的个人信息、法人信息纳入各式各样的数据库。大数据技术的应用推动了数字信任机制的建设和普惠金融的发展，但也产生了个人信息滥用和技术性数据孤岛的问题。例如，互联网电商平台、移动通信运营商、连锁商场连锁超市连锁酒店、品牌房地产商和物业管理企业、航空公司高铁公司物流公司、学校医院等，拥有大量的个人信息数据，而且形成数据孤岛。

在这些海量的个人信息数据中，部分属于公共信息，更多的是包含隐私的个人信息。对于公共信息数据的界定、归属和管理，对于个人信息数据的界定和商业利用，目前还缺乏具体而又明确的法律规范。

我们面对的现实挑战无疑是严峻和急迫的。站在历史性大变局的节点上，只有正视压力、应对挑战，扎扎实实办大事，才有可能开启引领未来的机遇之门。实施数字经济国家战略，应该抓住根本，在数字技术的关键领域掌握自主可控知识产权，建立全球性竞争优势。具体可以从以下四方面着手。

第一，以人为本。

占领数字技术高地，关键在于人才，在于高端人才领军的创新型科研机构和核心企业。

一是真金白银。要明确产业政策，抽调一定财力，对创新型科研机构和核心企业加大投入，对数字技术专业人才给予研发经费、薪酬激励、税收减免，以及办公和居住、就医和入学等方面的优惠。

二是真才实学。要明确标准，严格审核个人的专业素质、客观成就和道德操守，吸纳有资历又确实有能力、有特长又确实能担当的人才。要注意防止偏听偏信，避免那些徒有虚名的人占用宝贵的财务资源和时间资源。

三是真抓实干。要明确学科带头人，依托大学、科研院所和核心企业，建设国家级数字技术研究机构，努力建设全球一流的数字技术学科和经济金融学科，培育一大批数字技术专业人才和数字经济创新人才。

实践已经证明，在技术创新进程中，民营队很有活力，完全可以与国家队并驾齐驱。因此，要更多鼓励民营队，重点是为民营企业创造更加公平、更加宽松的营商环境。同时，要真正激励国家队，支持国有企业建立符合市场经济和科技规律的激励机制。

第二，培育数字金融核心竞争力。

金融是现代经济的枢纽，数字金融将是数字经济的关键。

数字货币在未来的全球经济竞争中将居于核心地位。应有必要抓紧研究发行中国主导的全球性数字货币的可行路径和实施方案，应有必要进一步完善我国法定数字货币的实现路径，完善底层技术架构和应用场景设计。

金融业数字化变革呼唤制度创新。我国应该立足于数字金融健康发展，加快数字金融制度建设，抓紧制定区块链金融监管、数字资产市场监管、数字货币监管、法定数字货币发行等数字金融制度，逐步建立数字信任机制。

数字金融势必进一步强化金融的全球化。 在数字金融全球制度建设中，我国应该积极参与并努力争取话语权，应该加强国际监管协调，促进达成监管共识，建立数字金融国际监管统一标准。

数字技术标准化建设刻不容缓。 区块链技术领域的标准化建设刚刚起步。我国关于区块链的技术标准、安全规范和认证制度，还不够完善。国际标准化组织 ISO 设立区块链和分布式账本技术委员会，在研标准 11 项，涉及术语、参考架构、隐私和个人信息保护、安全风险和漏洞等方面。国际电信联盟 ITU 设立分布式账本技术安全相关问题组，在研标准 10 项，涉及安全保障、安全威胁、安全框架等方面。电气电子工程师学会 IEEE 的标准研制主要围绕区块链在物联网数据管理、政府部门应用、数字资产管理、数字货币等领域。

我们应该抓紧完善关于区块链技术、区块链金融的标准、安全规范和认证审核制度。在法律上，应该明确数字资产的法律定义，明确智能合约的合同性质及其有效性，明确分布式架构下的责任主体及其行为规范和监管标准。

第三，穿透数据孤岛。

在数字经济时代，数据是资源，数据是财富，数据是竞争力。数据的可靠性、一致性和延展性决定数据的价值。

2020 年 4 月，中共中央、国务院颁发《关于构建更加完善的要素市场化配置体制机制的意见》，首次明确将数据纳入生产要素，强调推进政府数据开放共享，提升社会数据资源价值，加强数据资源整合和安全保护。

穿透数据孤岛可以双管齐下。

一是穿透行政性的数据孤岛，实现公共数据共享。国家应该建立标准统一的公共统计制度，建立集中统一的公共数据库，建立互联共享的公共数据应用系统，形成能够支持数字经济发展的基础设施。在社会信用体系建设中，应该共建跨局域信息共享的征信系统，整合不同部门的数据资源，采取统一标准和口径，采集企业和个人的金融业务、工商登记、税费缴纳、国际贸易、市场诚信等信息数据，注重为小微企业和社会大众积累信用记录，赋予信用标记，实现信用增值。

二是穿透局域性的数据孤岛，建设专业化的数据库。例如，在健康医疗领域，建设几个跨行政区域和医院局域的全国性中心数据库，应用虚拟集成和边缘计算等技术提高数据库效率，做到按疾病分科并按病程细分，按药品分类并按疗程细分，按基因特征分层并按性别、年龄细分，形成能够支持智慧医疗、远程医疗、专业医疗、普惠医疗的基础设施。

穿透数据孤岛，既要解决数据共享的问题，也要解决数据隐私保护的问题，在提升数据资源价值的同时确保数据安全。例如，同盾科技融合运用大数据、人工智能和密码学技术，开发"知识联邦"系统。这个系统基于数据安全协议，可以利用多个参与方的数据，将散落在不同局域的数据联合起来转换成有价值的知识，同时可以保护数据隐私，实现数据可用不可见，形成一个支持安全多方检索、安全多方计算、安全多方学习、安全多方推理的智能化应用框架。

第四，新基建求之更优。

新基建是在内涵上具有新一代技术特征的基础设施项目。一是属于一般基建领域，但应用了全新技术的"硬"项目，包括光伏、风力发电及数字化电网，新型通信网络，新型轨道交通等；二是基于数字化、智能化技术的"软硬兼施"的项目，包括云计算系统及大数据中心、产业物联网和消费物联网、人工智能设备、数字化物流仓储系统等；三是应用数字技术的"软"项目，包括云端办公系统，远程教育培训系统，智能化医疗、健康、养老系统等。

新基建有利于从根本上优化产业结构，推动经济动能转换，促进经济转型，实现高质量发展，提高投资效益。但新基建技术更加密集，需要更长的科技研发周期，也需要更加专业的劳动力资源；供给与需求都更加精细，需要更新供应链，也需要培育新的消费需求；既有硬建设，又有软投入，软硬结合达成的技术水平和应用功能，将在很大程度上决定新基建项目的经济可行性和商业价值。因此，新基建拉动经济增长所需的周期更长一些。我们应该求之更优，求之更好；不宜求之过急，求之过速。

喻国明

教育部长江学者特聘教授、
北京师范大学新闻传播学院执行院长

第七讲

融媒体发展的战略逻辑与操作路线

2020 年，我国以 5G、人工智能、工业互联网、物联网为代表的信息数字化基础设施建设——新基建正陆续展开。5G 以"三超"（超高速、超低时延、超大连接）的关键能力，将使得信息内容呈现泛媒介、沉浸性、智慧传播等特点和趋势，新一代信息数字化技术对互联网发展和内容创作、生产、传播、消费的影响也将逐步显现。

5G 被认为是自万维网问世以来最大的技术突破。业内人士认为，5G 将推动第四次工业革命，变革人们的生活与生产方式。5G 关键技术主要体现在超高性能无线传输技术和高密度无线网络技术中。相较前几代移动网络，5G 传输速率增加了 10 到 100 倍，峰值传输速率为 10 Gbit/s，端到端延迟可达毫秒量级，连接的设备密度增加了 10 到 100 倍，频谱效率提高了 5 到 10 倍，能在 500km/h 的运动速度中保证用户通信体验。5G 网络性能的提升不仅突破了时空限制，更实现了人与物的互联，是跨时代的飞跃。

一、技术对于融媒体发展的深刻重构：5G 技术不是改良型技术，是革命性技术

2019 年 6 月 6 日，工业和信息化部发放 5G 商用牌照，标志着我国正式跨入了 5G 时代。据中国联通与华为联合发布的《5G 新媒体白皮书》预测，媒体行业将首先享受 5G 红利，5G 将在 2022 年之前给中国媒体业带来超过 400 亿元的市场空间。站在这样一个当前实践与未来发展的节点上，我们有必要认真思考，面对 5G 变革所带动的全新格局，新闻传播实践是否还要在原有的逻辑上进行，是否应将"被动迎合"转变为"积极重构"，以便站在时代潮头之上，成为这一历史进程的积极推动者

和传播创新者。

一般来说，技术分为两类：一类是改良型技术，比如 3D 技术，实际上只是对视觉效果的改善；另一类是革命性技术，比如 5G 技术，它是对信息网络所链接的所有关系的重组。每一次革命性技术的到来，都是对一个领域乃至一个社会发展基本逻辑的重建。

迄今为止，移动通信技术经历了从 1G 到 4G 共 4 个时期：2G 实现从 1G 的模拟时代走向数字时代，3G 实现从 2G 语音时代走向数据时代，4G 实现 IP 化，数据速率大幅提升。那么，5G 将会给我们带来怎样的革命性改变？

（一）5G 将造成万物互联、永久在线

5G 技术使数据传输速率提升了 100 倍，能容纳更多设备连接，同时维持低功耗的续航能力。它意味着网络的超级连接能力有了巨大的突破——网络不再是选择性的（有的连接有的不连接）、分离式的（各个网络之间互不连通）、粗线条式的（仅进行了基础性的连接，远未达到细密的、无所不在的连接）连接，"无时不有""无处不在""万物互联"将成为现实。

按照 5G 技术专家的说法，5G 网络将承载 10 亿个场所的连接、50 亿人的连接和 500 亿物的连接。换言之，5G 将把现实世界以数字的方式带入每个人、每个家庭、每个组织，构建出万物互联的智能世界。而且这个世界的链接元素理论意义上可以永久在线，在数字世界中维持基本关系的恒定存续。

（二）5G 将创造不受容量限制的用户体验

5G 技术的 G 比特级接入速率，将使终端用户的体验发生本质变化，令用户进入"无限网络容量"的时代，即让终端用户感觉就像移动网络有无限的容量一样。它的直接结果有两个：一是基于虚拟现实（VR）技术的产品和服务将成为未来网络发展中的一个"爆品"，二是流量不限的MBB 模式将成为移动运营商下一个增长的驱动力。换言之，毫无速度障碍、流量障碍的用户体验将成为现实。

（三）5G 技术将衍生出多种生产和生活场景

5G 的超低时延性将催生和创造出更多的生产与生活的场景应用，例如，无人驾驶汽车、工业 4.0 智慧工厂、车联网、远程医疗等应用，都因为 5G 的超低时延而成为现实。在 5G 定义的未来的发展中，"场景"将成为一个关键词，而场景构建将成为未来发展中价值创新的巨大"风口"。由于网络延时远低于人类的近百毫秒的视觉感知延时，网络两端的用户具有身临其境、天涯近咫尺、与世界零距离的体验。

（四）5G 技术将拓展信息空间，加速人工智能的发展

5G 的技术特性使得信息空间更彻底地摆脱物理空间的束缚，建立在大数据和人工智能基础上的智能化连接将成为普遍的无时不在、无处不有的社会现实，构建出端到端的生态系统，数据收集和生产无时无刻不在进行，打造出一个全移动和全连接的智能社会。

概言之，5G 技术的应用将创造一个无限量的巨大信息网络，并将从前不能纳入其中的关系纳入进来——从人与人之间的通信走向人与物、物与物之间的通信，创造智能终端之间的超级链接，从而巨大且深刻地改变我们的生活和社会。

二、技术逻辑主导下传播要素的全面变革

5G 所伴随的"百年未有之大变局",整个社会和传媒领域都在发生深刻的改变。面对这一系列革命性的甚至是颠覆性的改变,我们进行学科建设的基本逻辑就是要再次回到原点。为什么要回到原点?是因为我们最基础性的东西都发生了改变。

一直以来,无论新闻传播学如何变迁,始终离不开"媒介"、"传播者"、"内容"与"受众"这四个基本要素,5G 技术正在具体的传播学研究领域改变着这四大要素的内涵和外延。

(一)"媒介"的变革:媒介是人体的延伸,也是人意识的延伸

当下传播学研究的一个根本困境在于,我们所研究的"媒介",是否还是受众所认知的"媒介"?这是一个学科的基点问题。20 世纪 60 年代,著名的加拿大传播学者麦克卢汉曾经做过一个特别具有想象力的论断:"媒介是人的延伸"。当时我们对这个论断的理解限于对人体物理意义上的延伸,是人的听觉、视觉等一系列功能上的延伸。但是随着今天的信息技术革命,以及互联网所带来的深刻改变,媒介开始从一种物理性媒介范畴进入生理性和心理性的媒介范畴。因为它已经开始实实在在地在万物互联的格局中通过传感器连接我们生理、心理、情绪等各种各样的信号,我们身体与情绪的各种变化起伏已经通过传感器的数据连接经由算法跟外界逐渐连为一体。

具体地说,随着 5G 技术的出现,有越来越多的身体或物件上的感应元件可以实现所谓的万物互联。这种万物互联之后必然会涌现出数量规

模及品类极为丰富的全新内容产品——传感器资讯或传感器新闻，它可能要比当年社交媒介把个人连接在一起，赋能于人，使人人都成为传播者之后所涌现出来的海量资讯的规模和品类还要大和多，由此给社会和传播领域造成的改变将是难以想象的。而当我们的人体，即我们的生理、心理，也可以通过各种各样的传感器来跟外界进行信息交换的时候，便会由此形成一系列基于全新传播的功能和价值模式，这种巨大的技术革命所带来的、人的内外因素的深度链接与跨界整合，也必然带来对于媒介自身定义的改变。

（二）传播者的变革：从个人再到人与机器

事实上，即使在网络社交媒介出现之后，"人人都是传播者"也只是理论上的一种可能，因为这时传播的主要方式还是通过书写文字来进行的，书写文字本身起作用的是精英逻辑，绝大部分人还是"沉默的大众"，他们只是一个个点赞者、转发者、阅读者、消费者，而不是内容创造者，不是发言的主体。有研究成果表明，在书写文字为主的时代，社交媒介上虽然内容很多，但95%的内容都是由3%—5%的人来撰写和发出的，其他人其实就是负责转发和点赞的"打酱油"的看客。

但是从4G开始，短视频成为一种普通人可以毫无障碍地把自己的生存状态和所思所想向全社会进行分享的途径，人类历史上第一次把社会性传播的发言者门槛降到如此之低，拥有智能手机的用户无论是否可以描摹书写、遣词造句，只要按下拍摄键就开始了内容创造，这开启了大众成为今天真正意义上的传播者的状态，是一个革命性的转变。抖音、快手上涌现的草根创作者就是这种变革的实际体现，在智能手机普及率极高的今天，拿起手机拍摄一段视频上传并不是技术门槛很高的事情。

技术将释放更多传播者的主体性。

此外，技术生产内容（MGC）异军突起是另一个不容忽视的传播主体。在互联网及社交媒体出现之前，专业媒介、专业媒体人、专业传播机构统揽或者垄断社会传播的基本职能。社交媒体出现后，内容生产的主体开始多元化，出现了个人生产内容（UGC）、机构生产内容（OGC）和专业生产内容（PGC），而5G之后出现的一个更重要的生产类别，就是技术生产内容。因为5G是一个"两高两低"的通信技术，高速率、高容量，低时延、低能耗。低能耗和高容量造就了万物互联的一个基本现实，让所有的传感器都可以永远在线，而且把很多的传感器连为一体。这就意味着，无论是来自环境还是我们的可穿戴设备，都会参与到未来的内容生产当中，而这种内容生产所呈现出来的类别、价值以及它对社会、商业和人际关系的影响，是极其丰富和深刻的。连人的情绪都可以进行数字显示，整个社会就会呈现出全新样貌，社会管理、社会协同、社会协调以及人民的生活都会发生翻天覆地的改变。

（三）内容的变革：以视频为代表的非逻辑方式或成主要社会表达

如前所述的从基础的文字表达到视频表达，变革的不仅仅是内容形式，更是社会表达。相对来说，书写文字是比较单纯的，表达的含义干净整洁，没有太多杂音或附加成分，适合于表达事实性的、逻辑性的、理性的东西。但是5G所带来的视频的突起，势必会使社会的核心表达、关键性交流逐步被视频所取代，这是一个大趋势。

传统上，视频仅是一种以提供娱乐为主的语言，对主流新闻的表达、主流价值观的承载是不足的。4G时代，随着短视频的出现，视频开始逐渐进入社会影响力的中心，对主流事件、重要事项的关键性发展发挥自己的作用。视频中包含的大量非逻辑、非理性成分，对传播效果的达成产生了重大影响。

进入 5G 时代，视频市场会发生何种变化？我们知道，短视频虽有"快与活"的特点，但终究因其"轻与短"的特点，缺乏主流与关键逻辑表达所要求的厚重、严谨和周到，对于主流表达的影响依旧有限。因此，借助 5G 大带宽、高速率的优势，中长视频"登堂入室"表现自身价值，是必然的。

在这种表达方式成为社会表达主要语言形态的同时，一系列的问题便会凸显。因为视频参与这种关键性传播的时候，它的构成要素已经远远超出了事实、逻辑和理性这些层面，越来越多场景性的因素、关联性的因素以及非逻辑、非理性的成分，会参与到未来的社会性、关键性、主流性的传播当中。

面对新的表达方式和越来越多的非逻辑、非理性成分，如何进行表达方式的配置，如何把握其机制和规律，目前几乎可以说是空白。随着 5G 技术的商用，两三年后，这样的传播应该会成为一种社会基本现实。面对如此繁杂的话语方式和表达逻辑的改变，无论是主流价值观的传播，还是在社会沟通中共识的达成，都有很多问题要解决，这可能是未来传播领域尤其是政治传播、社会传播中一个相当大的风险所在。

（四）受众变革：需要更为深入的个体的效果洞察

一方面，在 5G 时代，流量（用户）在 BAT 平台上将成为富余资源，这些平台型媒体提供的流量资源会变得越来越"廉价"，因此，传统媒体在转型中获取用户的成本会大大降低；另一方面，传统媒体也可以通过自身的独立端口获得属于自己的"私域流量"。两者相济，那么原有的用户流失、渠道中断等问题会得到大大改善。在这种情形下，对用户的精准管理便成为未来发展中的重中之重。其中，既要解决数据库管理中的用户精准洞察与把握（包含其社会特征、生活形态、价值观念、社群交往、行为结构等）问题，同时还要解决自身的内容与服务在同用户连接时的一系列问题。

以内容服务为例，它要解决 4 个环节的问题：一是使用户能够"看见"，即解决通过什么渠道、在什么场景之中使内容能够实际"触达"特定用户的问题；二是使用户能够"看下去"，即解决形式的选择、技巧的运用、场景的构建，使特定内容与特定用户的阅读习惯、阅读心境、阅读兴趣相匹配的问题；三是使用户能够"看懂"，即在传播符号的"编码"阶段就充分考虑到特定用户"解码"时可能遇到的知识背景、思维方式、参照标准等方面的问题，从而给予特定的解决方案，尽可能避免用户"解码"中的"文化折扣"现象；四是使用户"既看懂又能用"，即尽可能解决用户在信息、知识与行动、决策之间的连接问题，为他们量身定制一整套"学以致用"的"行动路线图"。

三、数字化技术革命对于传播格局深刻而巨大的重构

数字化的技术革命对于传播格局深刻而巨大的重构，使所有按照传统传播模式的做法都成为一种"刻舟求剑"式的"菜鸟"操作，以互联网为代表的技术革命极大地改写和重构了包括传播领域在内的整个社会，就传播领域而言，至少发生了如下几个非常重要的改变。

（一）传统主流媒介之于社会认知、社会舆论的"压舱石""定盘星"的作用已经在很大程度上被解构

在大众传播时代，即前互联网时代，传统主流媒介是构造人们心中的"社会图景"、形成社会焦点、设置社会议题，并且引导社会舆论的至关重要的传播力量，换言之，它在相当大的程度上决定着人们看到什么、关心什么以及持有什么观点去看、去想、去判断。在此条件下，说传统主流媒介是社会认知和社会舆论的"定盘星""压舱石"并不为过。

但是，以互联网为代表的技术革命极大改写了这一传播格局。早在3年前，在社会信息流动的总格局中，传统主流媒介（包括其主办的"两微一端"）所占的传播流量的份额已经不到20%。新冠肺炎疫情对纸媒是一次毁灭性的打击：由于无法实现其空间意义上的传递，纸质媒介影响社会的能力几乎全军覆灭。当然，它还有品牌影响力，还有内容的生产力等，但这一切如果没有新的传播介质的有效加持，是无法转化成现实的传播生产力及其效果的。事实上，只有那些"两微一端"做得比较好的传统纸媒，才能保持一定程度上的社会影响力。

就纸媒的生命周期而言，20年前，曾有学者预言2048年最后一张报纸将从地球上消失。经年之后，有人修改了这一预言，认为到2038年报纸就会消亡；现在看来，这个预言的实现至少会再提前10年——恐怕不必等到2028年，报纸就将走进历史的博物馆了。

总的来看，这场疫情极大加速了传统主流媒介退场的历史进程。有调查数据可以表明，不仅仅是纸媒，广播在这场疫情中的影响力也被极度压缩（当然公共应急广播的作用依然重要）；而电视，虽然依然占据着

一定的传播市场份额，但它主要是人们利用"大屏幕"进行娱乐休闲的工具，而在新闻资讯类的信息传播中，它的作用实际在明显下降。

这样，客观上就导致了传统主流媒介作为社会认知和社会舆论"压舱石""定盘星"作用的失能与缺位。

那么，这种作用缺位之后留下的真空地带的传播格局是怎样的呢？我们看到，就当下而言，占据社会信息传播流量最大份额的是两大类传播平台。一类是以社交链条为依托的社交传播（如微信、微博），这是一种以彼此关注为前提的、基于"关系渠道"的传播，其个性化程度高，并由于其社会关系的背书而使相关资讯在传播的同时拥有相当的可信性；但它的一个明显缺陷是，它更多地是由人和人之间彼此关系中的直觉需要所决定的，因而其在资讯构成的总体上存在着明显结构性偏态。换言之，通过社交渠道传播的信息总量虽然很大，但在信息结构上常常是有很大局限和偏颇的。另外一个大类的传播平台是基于大数据和人工智能的算法型内容推送，在这一平台上，虽然也有很多传统主流媒介所生产的内容，但这种平台上的算法是依据对用户需求和兴趣洞察的个性化定制，同样存在着内容结构上的极大局限和偏颇。尽管这两类传播平台通过"推荐""热门榜单"等方式试图对用户的信息结构的偏态加以矫正和补充，但事实上，人们看与不看，由于缺少行之有效的基于"关系"机制的作用方式，其真正的效用目前还相当有限。

传统主流媒介的"压舱石""定盘星"作用的丧失留下的"影响力真空"，目前正在被"乱世英雄起四方"式的社会群殴所取代，撕裂与信任关系的丧失便是现阶段的一个基本现实。

（二）"泛众化传播"时代的到来，使得众说纷纭成为一种现象，在管控压力之下，容易形成退回小群、强化圈层的社会效应，彼此隔绝、各说各话成为一种传播场域和舆论场域的现实，一旦遭遇互有交集的社会话题，就会产生非理性的"贴标签"，甚至骂战等网络极化现象

视频手段的普及化是"泛众化传播"时代到来的技术基础，而5G对于视频的加持将进一步丰富和扩大这种"泛众化传播"社会影响的宽度与深度。在视频没有成为社会表达的主要手段之前，虽然也有所谓"人人都是传播者"的说法，但在很大程度上那只是一种想象而非现实。虽然2008年前后社交媒介的崛起开启了"人人都是传播者"的时代，但在以书写文字为主要表达方式的时代，并非每一个人写的东西都可以得到网络转发的加持成为具有巨大社会影响力的文本。事实上，书写文字的传播表达中是隐含着某种精英主义的内在逻辑的。因此，有多项研究表明，在微博、微信这些社交平台上，95%的书写内容实际上是由3%—5%的传播精英来书写的，绝大多数人不过是通常意义上的"看客"、转发者和简单的点评者。

视频表达与书写文字表达不同，在表达空间上的维度更多、频谱更宽。因此，它虽然并不排斥精英化的视频表达，但却为平民的多元化、多维度的内容与形式呈现敞开了社会传播的赋能之门。在精英人士看来的"一地鸡毛"式的表达以及不屑一顾的"扮丑"式表演，却得到了大量粉丝的疯狂追随与大声喝彩，成为他们"同气相求"的偶像标志物。于是，一个个旧"高地"被纷纷解构，一个个新"高地"在竞相崛起——这就是伴随着视频技术的普及而来的"泛众化传播"

时代。

本来，"泛众化传播"时代的到来为我们进行多元文化的交流和社会意见的汇冲创造了前所未有的机遇和可能——这种交流以及信息与意见的汇冲会极大地活跃社会氛围和文化创新，有助于社会群体在交流中消除一己之偏见，增强社会文化的宽容度，推动异见群体找到社会的"最大公约数"，达成必要的社会共识。但是，从传统时代延续下来的管理思维与管理惯性对于多元表达的现实难以接受，而对它的管制也缺少既能有效引导，又能有效地被网民接受的理论逻辑和实践范式。问题在于，在传统管理范式中，最为缺少的是对于受众需求的真正理解，缺少提升人们之间的联系和社会参与度的有效措施。因此，对于"泛众化传播"时代的到来不适应、不接受但又缺少有效的管理"抓手"，一定程度上造成了简单粗暴的应对。在这种管制的压力下，"泛众化传播"时代的交流特性被极大地抑制，而个性化的表达则退回到对外隔绝的"圈层"之中。这便造成两个社会后果。一是圈层内的正反馈使人们笃信自己的主张、观点和逻辑是大家一致认同的——这是把狭隘的圈层认同误认为是社会认同的认知假象。因此，一旦遇到意见不合者便会"理所当然"地贴上异类或"人民公敌"的标签，情绪激昂地投入同仇敌忾的"对敌斗争"中去。二是这种彼此隔绝的圈层所形成的"硬壳"会使外来信息难以进入，包括主流意识形态在内的"异类"传播难以触及他们，也就更谈不上有效地影响和引导了。

在这种情况下，隔阂催生偏见，偏见酝酿冲突，便成为社会发展在传播领域中的一种"新常态"。

（三）互联网通过对于各种要素的连接和再连接来形成功能、形成价值，其作用机制的本质是关系赋能与关系赋权。而激活、聚拢和推动这种关系资源整合的力量是我们以往并不熟悉的非逻辑、非理性的关系认同和情感共振的力量。而目前主流话语的内容表达中非常缺少对于"关系—情感"表达元素的有效利用，这是当下主流话语无法"入脑入心"，进而起到导向作用的症结所在

关于赋权，我们所熟悉的赋权方式主要有两种：一种是行政赋权，一种是市场赋权。而互联网创造了迄今为止人类社会的第三种赋权方式：关系赋权。

关系资源的整合是如何赋予人们权力的呢？我们知道，互联网是通过"连接一切"来改造这个世界的。这种连接给予人们第一级的赋能和赋权，使传统上以机构这种集群形式为社会运作的基本单位的建制型社会，裂解为以个人为基本运作单位的"微粒化"社会。如何将这种微粒化社会的微内容、微价值、微力量、微创新……聚拢和整合成一种全新功能和全新价值的世界呢？这种全新的社会赋能与赋权的力量源泉与农耕文明和工业文明时代有着极大的不同，它不是通过创造一个个诸如当年的蒸汽机、火车头、发电站与计算机中心等硬件设施去为新世界的功能再造与价值再造赋能赋权，而是通过关系资源的激活、连接、聚集和整合等软性的力量来推动其连接和再连接的结构性效应的"涌现"，进而演化出一幕又一幕发生在社会、经济、文化和传播领域能量巨大的"核聚变"式的功能形成和价值创造——从维基百科到爱彼迎（Airbnb），再到大众点评、滴滴打车、支付宝等，莫不如此。

那么，推动微粒化社会的相关要素连接和再连接的关系力量本身是

如何被影响、被推动和被整合的呢？研究表明，不是我们在大众传播时代所强调的事实的力量和理性的力量，而是长期以来被我们轻视甚至忽略了的非逻辑、非理性的力量。这些非逻辑、非理性的因素对于关系构建的巨大作用在强调"内容即资讯"的大众传播时代是被忽视的，因为从关系型内容所含资讯含量的角度来看是乏善可陈的，这种缺乏资讯含量的关系型内容在作用于人和人之间关系整合方面的作用却是至关重要的。

传播学的经典研究显示，在人际关系的彼此互动中，事实和逻辑因素在影响效应中发生的作用通常只占 20% 左右，而人的姿势、表情、语气甚至彼此之间的距离等非逻辑、非理性因素却能占到 80%，这表明在一个关系型的影响效应中，非逻辑、非理性的因素是极为重要和关键的。同样的事实、同样的道理，你用不同的姿势、表情和语气说，所达成的传播效应是很不相同甚至是大相径庭的。由此，我们可以说，内容作为传播领域的基本范畴至少包含两个维度的作用和价值：一是作为资讯表达的内容，它描述事实、因循逻辑，帮助人们认识现实、把握外部世界；二是作为关系表达的内容，它注重情感和情绪的共振、共情，成为人们价值判断、关系认同的催化剂和黏合剂。

在社交媒介崛起，人人都是传播者渐次成为现实的情况下，"后真相时代"与我们不期而遇。在"后真相时代"，由于人人都有接近真相的可能，事实如同哈姆雷特——"一万个人眼中就有一万个哈姆雷特"。在对于事实"横看成岭侧成峰"的情况下，由于传统主流媒介的作用逐渐式微，人们对于事实的认知与价值的认同便自然而然地从人际关系的认同以及情感、情绪的共振中去寻找"抓手"和"定盘星"。

在社会传播和网络舆情的治理实践中，人们依旧沿用传统意义上的

"摆事实、讲道理"，而对于表达关系型内容的非逻辑、非理性因素的运用机制不到位、不熟悉，导致受众以"站队"和"贴标签"的方式加以抵触，而这种抵触造成了绝大部分的传播中断，传播效果的达成也就无从谈起了。

四、新时代的传播与舆情现实呼唤管理范式的深刻转型

（一）专业媒介和专业传播工作者的专业角色发生重大转移：直接的内容生产已经不再是其专业价值和工作重心所在

很显然，随着社交媒介的崛起和视频的崛起所带来的"泛众化传播"时代的到来，人人都是传播者日益成为传播领域的现实，用户生产内容和机构生产内容的海量涌现，已经大大挤压了专业生产内容的空间，接下来，5G 所导致的万物互联和全时在线的结果之一，就是无所不在的传感器所生成的海量数据的泉涌。这些海量、多维度数据（位置数据、行为数据、关系数据等）产生了两个结果：一是无所不在的数据使整个传播过程处于数据驱动控制的版图之内。无论是借助于数据的市场洞察、用户洞察，还是借助于数据的供给侧洞察，以及对于渠道和场景的描述与分析，数据无处不在，均可以起到描述、分析、控制和预测的关键性作用。因此，在未来的传播中，数据资源便成为传播驱动的最为关键性的资源和能量——谁掌握了数据资源及数据的价值挖掘能力、人工智能的应用模式，谁就会成为未来传播的掌控者，所谓"数据霸权"正是在这个意义上确立的。掌握数据、价值挖掘、利用人工智能实用化，这恰恰就是未来职业传播工作者工作的重点与关键所在。毫无疑问，对于未

来的专业媒体和专业传播工作者而言，直接进行内容生产倒排在其工作重要性排序的较为次要的位置上。

再就是海量数据所生产出来的海量的"传感器资讯"将进一步稀释专业传播工作者在内容生产整体格局中所占的份额。换言之，万物互联和全时在线的数据通过数据挖掘和智能算法将生成海量的传感器资讯，即机器生产内容（MGC）。这一内容生产格局的巨大改变，势必会造成专业媒体和媒体工作者的工作重心和工作逻辑的重大转型。本来，在社交媒介崛起之后，大众传播时代专业媒体和媒体工作者独占传播内容生产的主体地位已经受到了用户生产内容和机构生产内容的严重挑战，从规模上讲，后两者在内容生产的总量方面早已远远超过了前者，专业媒介工作者生产传播内容的份额比例越来越低。而机器生产内容的海量涌现，必然使这一状况进一步加剧。那么，作为一个总体上只能生产社会内容总量千分之一、万分之一甚至更小比例的专业媒体和媒体人，它在传播领域所承担的社会角色还会是直接的内容生产者吗？这是一个值得郑重思考的问题。

当然，在 UGC 或 OGC 专业能力不足、MGC 缺乏数据支撑或无法用算法来解析的内容生产领域，仍然是 PGC 内容生产的专属领地。但是同样明显的事实是，随着 UGC 或 OGC 专业能力的提升及 MGC 在人工智能的强大技术支撑下丰富内容的涌现，专业媒体和传播工作者的内容生产所占有的那一点点"领地"（虽然很重要），也很难成为安放专业传播工作者功能和价值的立足点了。

因此，除了数据的利用和掌控外，专业媒体和传播工作者在未来传播中的主要价值角色不是进行直接的内容生产，而是为 UGC、OGC 和 MGC 的内容生产创制模板、创新模式、开拓新的领域和功能、平衡社会表达中的信息与意见失衡、建设传播领域的文化生态……

（二）复杂性范式应该成为未来传播和舆情治理的基本范式：民主协商模式与自组织理论的启发

网络舆情是一个复杂现象，需要用复杂性理论范式来对待。这方面，自组织理论应该成为我们思考问题和解决问题的基础性理论架构。自组织理论告诉我们的是，对于复杂事物不能用原子论的方法机械简单地对待，而应该在开放性的架构之下，通过耗散结构、每一个体的自主性以及"基膜"的关键性引导，形成合目的"涌现"现象。就互联网时代社会舆论的形成和引导而言，这种自组织理论范式的一个应用范例是美国斯坦福大学传播学院费世金教授所创立和倡导的"民主协商"模式。他认为，民意靠即时的、表面的直觉式反馈，未必能够深刻、恰切地表达自己的利益之所在，它需要在开放条件之下，通过交流和异见的碰撞，以及适度的理性干预，在每一个体自主性的基础上形成更加理性的表达，这为社会共识的达成提供了极为有利的条件，便于人们找到社会最大公约数。民主协商模式确立了几步走的操作路径：第一步，让所有的相关者都充分了解相关情况；第二步，分成不同的小组表达自己的意见，听取别人的意见，分组的原则是充分保证小组成员之间意见的异质性，并让他们充分表达自己的意见，感受别人的意见对自己的冲击；第三步，面对人们的疑虑与不清楚的情况，引入专家进行情况说明和各种结果的利弊分析、结果推演；第四步，在此基础上征集大家的意见表达，并形成最终决策。其中，专家意见并不强加于人，而是针对人们的疑问提供必要的专业咨询与技术性分析，决定权交给每一个人，绝不越俎代庖。这就是自组织模式中"基膜"的作用，它在相当程度上给人一种压舱石的感觉，以少博多，促进自组织系统的"涌现"发生。

具体地说，未来社会传播和舆情治理的重点不在于进一步加大管控的力度，缩小人们表达的言论尺度，反而应该适当放松这种管控力度，让多元的声音有表达的自由度，在这种自由度下实现自组织式的协同整合。研究表明，随着管控力度的加大，人们会进一步向下退回到自己的小圈子中，而这种一个个彼此隔绝、互不交流的小圈子，只会助长社会偏见和不宽容，加大社会冲突的风险。只有适度扩大话语表达的多样性空间，才能让不同的人、不同的意见公开表达和彼此碰撞。这样，一方面人们可以在彼此的交流中意识到"世界大不同"，从而增强人们接纳、至少宽容不同意见的社会心态；同时，也有助于作为"基膜"力量的有效性发挥，找到问题的症结所在，以关键性的有的放矢，推动形成社会舆论的"涌现"发生，尽量减少简单粗暴式的刚性管制。

（三）抓大放小：创新社会传播和舆情治理的顶层设计，以便于管理者集中精力抓重点，也有助于实践者开辟探索创新的自由度及社会的容错空间

树立抓大放小的传播与舆情治理的新思路是非常重要的。管理者的有效治理，建立在将自己的精力和资源用于应该管而且管得好的事项上，而不是事无巨细，眉毛胡子一把抓。事必躬亲的细节式管理不适合作为复杂系统的互联网舆情。在这方面，中国封建社会"皇权不下县，县下皆自治"的管理思路是值得借鉴的。在这种抓大放小的管理模式之下，中央政府极大减省了管理事项，使有限的管理资源用于关键性的方向性的事项上。另外，给整个社会预留了按照实际情况自我决策、自我组织的灰色空间，使具体问题得以具体分析，克服了"一刀切"式的管理在

复杂系统应用中的巨大弊病。

应该指出，我们现在讨论的议题是所谓"后疫情时代"，即它关注的重点是疫情之后的社会发展。如果说，疫情时期在很大程度上是所谓"战时"状态的话，很多管制措施具有某种合理性。但"后疫情时代"则是不同于"战时"状态的日常状态，我们就应该在相当大的程度上放弃那些看上去"行之有效"，实质上代价极大的管制方式。

这里所说的其实都是"技术判断"，没有涉及"价值判断"。技术判断可以告诉我们在争取人心、达成社会共识方面需要解决的问题以及相应的应对逻辑，并由此形成党和国家一贯倡导的"既有个人心情舒畅、畅所欲言，又有统一意志和社会共识"的局面。

就像创新的实践一样，从 0 到 1 的创新是实现从 1 到 100 的创新扩散的前提和基础。如果从 0 到 1 的原理、机制没有搞清楚，顶层设计的逻辑不清晰，那么，我们投入再多的资源、再严格的管制，恐怕效果也非常有限，甚至南辕北辙，走向我们不愿意看到的反面。

五、再造主流话语形态的关键：用户本位、构建魅力、营造流行

（一）传统意义上的"渠道中断"和"渠道失灵"已经成为主流话语传播中最大的"痛点"，摈弃僵化、封闭的逻辑，以开放的方式借助今天丰富的网络传播渠道去实现主流话语的传播才是正途

面对被技术深刻改变了的现实，主流话语的传播面临着巨大困境，特别是渠道的丰富、多元及其海量化、碎片化：数以百万计的 APP 犹如

媒介"黑洞"将人们的注意力吞噬进去；一个个无所不在的小程序隐蔽于空间场景的各个角落将人们的即时性需求一一劫持；而建立在智能技术基础上的算法型分发又以"私人定制"的方式将人们的信息需求"温柔"地框定在"信息茧房"的范围内；至于社交媒介则像一张无所不在、无时不有的大网将人们网罗于基于关系渠道的无所不及的信息海洋中……"一纸风行"年代的一张报纸千万人阅读、一个电视节目六七亿人同时注视，传统主流媒介畅行天下的良辰美景已经一去不复返了。传播市场的"碎片化"让我们甚至无法明确地回答出：今天的用户在什么时候、什么场景下、通过什么渠道、消费什么内容……传统意义上的"渠道中断"和"渠道失灵"已经成为主流话语传播中最大的"痛点"。

如何走出这一困境？有人主张自搞一套，即自外于现有的、极为丰富海量和活跃的大传播网络，集中力量自造若干个 APP、拼尽资源建立"属于自己的网络平台"，这虽然也有一定效果，但毕竟效力有限，无补大局，并且成本巨大、难以为继。其实，互联网时代与传统大众传播时代的最大不同就是：竞争已经不是第一主题词，连接、合作、整合、激活与搭载才是互联网传播致效的第一要义。诚如腾讯 CEO 马化腾所说："互联网改造世界的基本方式就是透过连接和再连接创造新的价值和创造新的功能。"摈弃僵化、封闭的逻辑，以开放的方式借助今天丰富的网络传播渠道去实现主流话语的传播才是正途。

因此，如何在市场洞察、用户洞察的基础上激活和有效地利用现有的互联网通路与平台——利用算法规则进入内容推送的传播路径中、搭载在各种大大小小的 APP 平台上进行内容的扩散、融入社交媒介的社会关系链条完成主流话语的"滴灌"……便成为解决主流话语传播上"渠道中断""渠道失灵"问题的关键性选择。

问题来了，如何来完成这种主流话语对这些如今在传播领域（市场意义上）的主流渠道的"利用"、"搭载"和"融入"呢？显然，一方面，需要通过传统意义上的主流媒介与现今市场意义上的主流媒介在机制和体制上的"硬连接"或"软连接"来实现彼此之间的对接与协同，并通过某种规则机制的构建促进其融合生长；另一方面，传统意义上的主流话语本身也应该在形态上做出某种形式要素、价值结构和表达逻辑上的必要改变，只有这样才能实现有效的"利用"、"搭载"和"融入"。

（二）今天基于互联网新媒体的任何一项内容的有效传播必须具有"用户本位"的价值逻辑，并以"可感知"的形态和方式与用户的需求及基于需求的选择行为产生交集，传播致效的过程才能完成

主流话语形态应该如何再造和改变呢？

先来看一看相关的约束条件。

首先，现在人人都有麦克风，处处人声鼎沸，交流活跃，网络用户的自主性有了空前的升级。于是，信息的传播就从传统大众传播时代通过媒体的价值选择实现对人的传播，变成今天的人对人的直接传播。媒体作为信息过滤器的传统作用被稀释，甚至丧失了。很多主流媒体突然发现，找不到自己的用户在哪儿了。因为传播的主场变了。

比如，作为当下社会传播规模最为大量的基于社交链条的社交传播，就是人对人的直接传播，其传播发生与能量驱动均是基于社交关系双方的认同与信任，如果无法"同频共振"，价值不和谐的内容传递，就会被"取关"甚至"拉黑"。再比如，同样是作为当下社会传播分发量最大的基于智能技术的算法型分发，虽然有算法作为"中介"也是有其"价值观"的，但算法的价值观是基于用户数据，反映用户需求而建立起来的，

与传统意义上的主流媒体价值观多以"传播者本位"不同，算法是以"用户本位"来搭建自己的"价值观"的。"传播者本位"意味着人要去找媒体，而"用户本位"则要求媒体要来找人，即必须具有某种符合用户需求的特质。

因此，今天基于互联网新媒体的任何一项内容的有效传播都必须具有"用户本位"的价值逻辑，并以"可感知"的形态和方式与用户的需求及基于需求的选择行为发生交集，传播致效的过程才能完成。做不到这一点，传播就会在这些新型的渠道中失活、沉淀，导致传播的中断。这或许就是当下主流话语在尝试建立微博、微信、抖音、快手等新型互联网传播平台账号进行主流话语传播时所遭遇到的窘境：虽然"身体"已经进入市场意义上的主流网络传播渠道，却往往被无视、摈弃，从而无法在社交渠道和算法分发渠道中活化的重要原因之一。

于是，问题的关键在于，一个主流媒体的传播，如何超越传统意义上的传播形态，实现"传播者本位"与"用户本位"的和谐统一呢？这两者之间在价值属性方面能够兼容吗？回答是明确的：可以。

有人要问，传播者与用户诉求的价值一致时自然好办——找到两者之间的交集点作为传播发生和驱动的原动力即可。但如果两者之间不在一条逻辑线上又该怎么办呢？

实际上，正如麦克卢汉所指出的："任何内容也可以成为媒介。"内容也具有吸引人、汇聚人的巨大能力，可以成为进一步传播的触媒和载体，也即"媒介"。换言之，一个"内容"可以成为下一个"内容"的载体或媒介。有的内容，从价值属性的角度看，并不是我们诉求的目标，却可以成为我们所诉求的目标内容善行天下的载体。譬如，关于县级融媒体的建设，如果单纯把它作为一个传播媒体去建设，几乎没有胜算，因为县级媒体在人才、资金、技术及内容资源等各方面均乏善可陈。但是，如果发挥县级媒体的"在地性"优势，在政府的强大支持下，激活各类与人民生活相关的政治、文化、商业及生活资源，建构一个综合性的生活服务平台，人们的各种社会交往、事务处理、消费生活等都可以在上面简单便捷地实行，使其成为人们不可或缺的一个生活依托，这个平台看上去是一个服务型平台，但它这些服务内容的凝聚也成为一种凝聚流量的媒介，主流话语的传播也就顺理成章地实现落地了。

老子说："大道不直。"意思是说，现实生活中的坦途并非两点之间的直线，反而可能是那些如水流经、顺势而为的九曲十八弯。随着传播领域生态化程度的日益升级，我们应该用复杂性范式去面对它、认识它和掌握它，任何画直线的操控方式都是低效、少效甚至负效的。

（三）再造主流话语形态的关键：用户本位、构建魅力、营造流行

现在看来，对于今天传播领域的活化机制和传播逻辑而言，传统的主流话语形态中缺少了一些必要的成分及基于这些新增要素的形态变革。这些新增要素及形态变革用三个关键词来表达，就是"用户本位"——这是"双引擎"动力机制的构建，以区别于传统主流话语的"传播者本位"的"单引擎"驱动，这一点，我们在前述表达中已经做了论证。而构建魅力、营造流行意味着什么呢？

简单地说，魅力就是要使主流话语与目标用户的社会利益、社会关系、社会观念之间具有强烈的、可感知的连接力、关涉力以及激起兴趣的表达力。魅力是建立在客体属性的相关、主体价值的共振、感受认知的同频基础上的一种"以人为本"的表达逻辑。这是话语形态的内在构造。而其外部形态就是要以"流行"为载体，以提升在新型互联网渠道

当中的推动力、渗透力、普及力。

因此，主流媒体影响力打造的关键在于，它们能否有效推进自身信息形态的升级迭代，让主流声音成为一种社会的流行。换言之，主流媒体要重返传播领域的主场，不只靠内容精心打磨，信源专业可信，还要用魅力的打造，适配流行的语境，产出流行的爆款。

在今天，可以流行的东西，总是在品性上更新，在吸聚对象上更年轻，在各类场景中更有传播力；而不具魅力、无法流行的东西，就会慢慢失掉话语权和影响力。在某种程度上可以说，未来媒体的核心能力，就是建构魅力、营造流行的能力。

作为传播领域的一个共识，一位好的传播者必须具备两种能力：一是"见人所未见，言人所未言""击中社会绷得最紧的那根弦"的见识，二是"讲故事"和搭载"流行"的能力。所谓"讲故事"就是营造一个有魅力的场景，在这个沉浸式的场景中，可以在相当程度上使人"物我两忘"，意趣交融，用户和传播内容融为一体，从而使主流传播所要表达的理念、观点、逻辑成为人们触手可及的有温度、有质感、有活力的存在，而如果这个场景的构建符合社会流行的规律和机理，则可以成为吸聚海量用户的、以内容作为载体的大媒体平台，则主流话语影响力的落地就有了实实在在的依托。

其次，从内容影响力的深度上看，主流话语内容的时代留存性要进一步升级。具体地说，这种留存性就是主流话语的品质，它分为两个维度：在空间维度上，它应该具有引领社会的能力；在时间维度上，它要有积淀为文明经典的能力。

在实际的社会传播领域，相信大家都有一个体验，就是虽然我们每天都遭遇海量的信息轰炸，真正能够打动自己的却非常有限，而值得留存下来反复咀嚼的内容更是凤毛麟角。对一个负责任、有担当的主流媒体而言，如何让信息不是单纯地消耗人的精力和时间，让人们通过信息的消费、内容的接触得到并留存更多有益的东西，进而使人的眼界打开、认知迭代、品行提升……换言之，要把控和加大内容的时代价值，要鼓励内容消费中的助人成长的补益性品质，减少内容消费中单纯的消耗和发泄性部分。

概言之，从未来传播的角度上看，主流话语形态一定要升级。要大胆跨界、大胆融合，做更高效的传播。未来，任何平台都应该成为主流话语的传播阵地。群众在哪儿，主流媒体的影响力就应该到哪儿。

六、互联网发展的"下半场"：传媒转型的价值标尺与关键路径

现在，不少行业观察家都在谈论互联网发展的"下半场"。所谓互联网发展的"下半场"指的是互联网发展的"人口红利"已经消化殆尽，过去（互联网发展的"上半场"）那种发现一个"风口"大家便一拥而上、野蛮生长的阶段已经一去不复返了。代之以专业化程度更高、智力输入更加密集、范式创新更为关键的新的发展阶段。

我们认为，在这一新的发展阶段上，明白两件事情至为重要：一是衡量有效创新的价值标尺是什么，二是实践操作路线图中功能和效率诉求的关键性问题是什么。

（一）价值评判尺度的根本转变：从"物的逻辑"到"人的逻辑"

传播方式和传播形态的创新是互联网发展"下半场"攫取价值红利

的基本方式。然而，问题在于，什么样的创新是有价值、有前途的，这种传播创新应该沿着什么样的逻辑线展开，其价值皈依点究竟是什么，即衡量一种传播方法和传播形态未来发展可能性空间大小的价值尺度是什么。这是一个极为关键的问题。

须知，人类社会发展的基本价值尺度正在发生深刻的革命性的转型。自人类社会伊始，便面临着一个生存发展死亡线上的重大约束：物质严重匮乏、财富极为短缺。因此，可以说，迄今为止的人类文明史99%的发展都是用来解决物质短缺和匮乏问题的。但是随着工业文明的兴起和现代科技的发展，到 20 世纪五六十年代人类已经从总体上解决了一直以来如梦魇般压在头上的物质匮乏和短缺问题。人类社会的发展面临着是继续沿着"物的增加"的逻辑发展，还是按照"人的尺度"的逻辑发展的重大选择问题。经过五六十年代一系列社会风潮、政治失稳、文化失序的乱象之后，人们逐渐深刻地认识到，继续简单地以物质财富的增加为社会发展目标的做法已经不能满足人类从现在到未来社会发展中的需求了，"物的逻辑"必须被"人的逻辑"所取代：物质、技术和财富的增加只有在符合人的发展需求的逻辑线上才是真正有价值和有未来的。

许多人对诺基亚等传统产业王国大厦的一夜倾覆感到茫然不解，惊呼人类社会的产业发展已经进入了一个看不清、道不明的"破坏式创新"或"断裂式创新"的时代。是的，当下的社会和产业发展对传统的技术逻辑、产业逻辑和"物的逻辑"而言，的确是一种中断、破坏或断裂，但如果你按照"人的逻辑"去观察、去分析就会世事洞明、豁然开朗：iPhone 取代诺基亚、维基百科取代大英百科全书、数码影像取代胶片、电子商务冲垮实体商业等，都是极大程度地对人的把控能力的增强、对人的实践半径的扩大和对人的感觉器官的延伸——放在人的尺度上去衡量，哪里有什么"断裂"和"破坏"？一切都顺理成章。发展的逻辑和价值尺度的转换是我们这个时代发展的最为重大和根本的改变。

就传播领域的创新发展而言，"以人为本"应该成为我们现在和未来发展中创新价值的衡量尺度——一种新的传播形态是否具有巨大的市场价值和社会发展的空间，主要看它是否增强了人们社会连接的丰富性并由此带来更强的社会流动性；看它是否扩大了人们社会实践的自由度，使过去的不能成为可能（"赋能"）；看它是否强化了人们对纷繁复杂的社会现实的把控力，简化了人们把握现实的成本代价（"赋权"）。

（二）以直播为例：为什么说直播是一种具有巨大市场价值和社会发展空间的新兴传播形态

我们判断某种传播技术或传播形态是否具有未来发展的市场空间与社会价值，不仅要从技术逻辑、自身产品逻辑出发，更要从人的精神交往和社会实践的逻辑出发，考察传播技术、产品形态是否拓展了人的社会行动空间的自由度、是否提升了人的权利与自主性、是否增强了文化的社会流动性、是否丰富了人的社会性连接，等等。以下我们将按照上述关于传播技术和传播形态的价值评判标准对直播这一兴盛的传播形态进行价值探讨。

1. 视频直播增强了社会流动性，丰富了人和人之间的连接

任何增强社会流动性的传播形态和技术形态，都将有助于社会的良性发展。对于直播而言，从传统媒体价值来判断，最初兴起时似乎有些粗糙和无趣，也缺乏必要的规则，然而从新的社会价值坐标系来说，视频直播极大丰富了人与人之间的连接并在此基础上增强了社会的流动性。

一方面，以草根为主体的直播形式，是对传统视频中由精英阶层、组织化传播体系报道重要事件和重大场景的传播形式的颠覆。在传统视频报道中，普通人的视角与表达是缺失的。直播的出现，有利于社会生活中精英文化与草根文化的多元对话，它以信息对冲的形态极大促进了社会文化的活力以及阶层之间的理解和互动。

经过"文字—语音—图片/表情—短视频—直播视频"的演变过程，社交媒体时代，网络场域中人人都成为拥有"麦克风"和"摄像机"的传播者。直播带来自我表达门槛的降低和自我表达效果的大幅提升，使其也成为主要的可以便捷使用的视频社交的重要方式。比如，以往在国际秀场和时尚T台旁边围坐着世界知名时尚杂志的主编或名记者，他们从精英逻辑、专业眼光独断地阐释时尚并影响社会。而直播兴起后，越来越多的网红进入这些时尚最前线，观者可以跟随秀场内直播的网红一起观看和参与品评，他们用直播的形态代表着草根文化的多元理解、丰富兴趣和视角，极大增强了时尚文化的社会厚度，促进了阶层文化的活力与流动性。

2. 视频直播技术提供了场景价值，极大拓展了人的连接方式和体验空间

场景的价值，是未来媒介的重要特征。在移动互联网时代，场景越来越成为承载人的需求、生活空间、市场价值的新的承载物。视频直播技术极大丰富了场景的构成形态与功能属性。问题的关键在于，如果我们自我设限地将眼光局限在传统内容评价的狭隘限制中，就很难发现内容价值之外，直播节目还有其形式所创造的种种场景价值。其实，任何内容的传播同时也是一种媒介功能的构成，内容成为连接人的一种纽带，创造出一个又一个人们汇聚的节点、平台及场景。比如，吃饭直播看起

来无意义，可能在围观的人中正好有些是我们愿意和他交往、发生关联的，那么在这样一种观看场景中，我们可以找到同声相应、同气相求的伙伴，丰富了人与人的连接方式。再比如逛街行为，从传统观点看是私人化的、休闲的、无意义的，但是结合目前的线上营销，在远隔万里的米兰、巴黎等时尚卖场，观者可以自主掌握逛街的时长，可以随机按照自己的心愿点击购买，甚至可以集体在线砍价。概言之，直播构建了未来消费和生活的种种新场景。

3. 视频直播有助于虚拟内容创业，拓展了人的社会实践空间

视频直播已经成为互联网"原住民"一代进行虚拟内容创业的重要渠道，为具备才艺和想法的创业者开辟了一条全新的通道。围绕直播这一平台，形成了一个由网红经纪产业、演艺/体育/时尚/娱乐/游戏产业、电商平台、粉丝经济、视频直播技术服务产业、手机/VR/应用产业等相互交织的"产业网络"。

从盈利模式来看，除去既有的"打赏"模式之外，直播还可以与线上电商、社交平台以及线下企业相结合，形成诸如"直播＋社交""直播＋游戏""直播＋培训""直播＋购物"等模式，拓宽内容资源的变现渠道。正因如此，直播产业的未来被广泛看好。

以上我们以视频直播的社会价值为例进行了分析，可以看到，直播不仅从技术逻辑上改变了媒介传播的形态与样式，更重要的是，直播作为一种基于互联网尤其是移动互联网的全新社交平台，"以人为本"的表达逻辑，极大地增强了社会流动性，丰富了社交场景，扩展了人的自主性以及人与人之间的连接，也正是在这个意义上，直播拥有无可限量的未来发展前景。

（三）"数据标配"与场景化的内容触达：现阶段传媒转型的两大
关键

互联网尤其是移动互联网是"连接一切，赋能于人"的传播平台，
在这一"连接"中"赋能于人"的一个突出表现就是人的个性化、分众
化需求的泉涌。换言之，我们所熟悉的一整套用于满足共性需求的传播
模式和传播技术已经成为"红海"博弈的工具和手段，而赢得满足个性
化、分众化需求的"蓝海"需要创造一整套全新的传播模式和传播手段。

进一步说，网络社会传播领域的价值变现与传统媒体时代的价值变
现的不同在于，两者之间的价值解决方案即效率机制不同，网络社会价
值变现的新的解决方案更多体现于多样化效率，而传统媒体价值变现的
旧的解决方案更多体现于专业化效率。多样化效率与专业化效率是两种
不同甚至相悖的效率。专业化效率是指，将同质性的事情处理得规模化
程度越高则效率越高，它通过标准化、规模化的制作和分发来节约成本，
实现规模经济效益，为同质化内容的价值实现提供引擎。而多样化效率
是指，做越异质的事情效率越高，它通过个性化、定制化创造高利润，
实现范围经济，为异质化的价值实现提供引擎。美国经济学会前主席鲍
莫尔曾经举例来说明两者之间的不同：音乐四重奏的效率是什么？难道
小提琴越拉越快叫更有效率吗？显然拉小提琴的效率与开机床的效率不
是一种效率，传统媒体的管理者在互联网转型中最大的误区在于区分不
出新旧两种价值变现在范式上的区别。

那么，满足这种个性化、分众化需求的传播模式和传播手段的关键
点是什么呢？毫无疑问，它必须面对和解决移动互联网时代用户在传播
使用方面的崭新特点。这一崭新的特点主要表现为两方面：一是如何找

到并定义遁形于广袤市场和社会空间中的低密度分布的需求，并在极低成本和代价的前提下将其与特定内容实现匹配；二是如何为基于个性化场景的需求建立多点触达的需求入口。

1. 基于大数据的用户洞察：为"长尾"内容插上"数据路径"的翅膀直达用户

互联网时代的一个突出特点是"时间消灭空间"——随着传统时代的市场空间的"坍塌"，它既造成了传播市场的无远弗届，也造成了用户需求的重叠和混杂。同时，互联网时代也是个性化需求和分众化需求随着"个人的被激活"（"赋能"及"赋权"）而泉涌的时代。这类需求与传统媒介所擅长满足的共性需求在社会和市场空间中的分布不同：它单位密度很低，深藏于社会生活的各个角落。因此无法用传统规模经济的方法和模式去满足它。所幸的是，互联网的发展在提出需求的同时也提供了满足需求的种种新手段和技术模式，这就是基于大数据方法的用户洞察。有了这一洞察性的数据做导引，无论用户身居何处、无论用户的需求多么"独特"，基于用户洞察的算法所构造出来的"数据路径"都能够毫不费力地将其匹配在一起，让过去传播模式无法满足的市场需求得以"一对一"地个性化满足。概言之，在共性化内容服务的时代，是人去"规定的时间、规定的场所"找到内容；而个性化、分众化的内容服务则是一个个长尾内容"主动"地去找适配它的人——数据已然成为内容和服务产品的"标准配置"——这便是两种截然不同的内容服务模式的最大差异。

2. 触达场景的认知把握与"知识图谱"式的内容构建：建设移动时代多点触达的信息服务的"接触介面"

"接触介面的有效控制"是传播价值得以实现的关键。与传统社会科层制的等级分明、长幼有序、分工明确、角色单一的构造不同，网络社会是一种网状连接、去中心化、转换自由、角色复合的社会构造。如何能够将网络平台上的物质、信息与人的实践形成有效的连接，并进一步实现内容服务的价值变现呢？众所周知，移动互联时代，传播已经全方位地"嵌入"人们社会生活的每一个细节之中：它随时随地发生、无所不包地存在。因此，过去那种有限的、固定的信息"入口"就变得与现阶段如此丰富多彩的需求很不"对位"和"匹配"了。

因此，建构基于形形色色的场景认知的"多点触达"的新传播模式便成为移动互联时代传播致效的关键所在。所谓"多点"指的是用户的生活场景已经变成动态的、网状节点式的分布，传统的传播可触达的只是标准场景、标准用户。而今天移动互联时代信息服务的不同就在于节点分布的丰富性和多样化。"触达"说的是 access，它含有"亲"（不经过中间人）的意思。"多点触达"首先可理解为基于场景认知的随时随地的"伴随式服务"，即处于不同场景、个性化不同的用户，从分布式的多点，轻松触达能给他们提供产品、服务和体验的传播媒介和传播服务的提供者。这就把"连接一切，赋能于人"的内在逻辑形象地表达出来了。

显然，"连接一切"原本说的是（由节点与边构成的）网络中的"边"，"多点触达"补充了边连接起来以后的节点的意义和价值。而这个"节点"其实就是完成需求与供给彼此连接的特定"场景"。这些场景既可以透过对客观存在的场景的认知与洞察加以把握，也可以透过提供特定的"内容"（除了内容本身的价值之外还具有连接人和人、人和物的媒介功能与价值）与"诱因"（如发红包等激励性的因素）建构起具有聚合不同人群、不同需求属性的一个个丰富的"场景"。而这些场景的洞察和建构，便为丰富多彩的内容与丰富多彩的需求实现彼此匹配对接和价值变现提供了最大的可能。当然，与这种"多点触达"的信息需求相适应的内容构造，必须将一个个信息和知识的"碎片"以"知识图谱"的方式建构起来，以便使内容以一种结构化的有序方式服务于从任何一个端口进入的用户，并使知识以一种系统化、结构化的方式完成它的有效服务。

　　总之，传媒转型是一场革命，是传播范式、传播构造、传播逻辑和传播规则的全新变革。正如一位学者所比喻的，用传统媒介的传播逻辑去思考移动互联时代的传播逻辑，就像地主思考工业革命一样，不要等到时代的发展将自己的机会剥夺殆尽的时候才终于明白工业革命不是"农业 4.0"，而是两件完全不同的事。因此，传媒转型的首要问题，可能是观念的革命。

刘庆峰

博士，科大讯飞董事长，语音及语言信息处理国家工程实验室主任

第八讲

顶天立地，人工智能迎来"黄金新十年"

A.I. 复始，万物更新

新冠肺炎疫情一下子将全社会强推进数字化生存的新时代。而在这场"全民抗疫"的战斗中，我们欣喜地发现，人工智能越来越多地从幕后走向台前，这些曾经让人赞叹的"黑科技"一旦与人们的刚需场景融合起来，就迸发出可以规模化应用的巨大能量。

早在 2017 年，科大讯飞一款名为"智医助理"的人工智能医疗辅助诊断系统，就在全球首次通过了"国家临床执业医师综合笔试"。在过去的 3 年里，"智医助理"通过持续学习医学知识，从安徽合肥起步，迄今已在全国 110 个区县常态化应用，帮助 4.4 万名基层医生累计为 4000 万名患者给出了 6000 万份诊断建议，大幅提升了基层诊疗能力（合理诊断度从 70% 提升到 90%），并在 2020 年的"全民抗疫"中发挥了重要作用。"智医助理"在疫情期间，快速学习不断更新的新冠肺炎诊疗指南，从发热、咳嗽、呼吸困难、流行病学史、影像学、血常规六个维度进行病历内容挖掘分析，辅助基层医生发现疑似新冠肺炎患者，为新冠肺炎患者的精准跟踪、隔离和收治提供决策参考。疫情期间，"智医助理"电话机器人将新冠肺炎知识和智能语音技术相结合，部分代替医护人员快速实现重点人群排查、宣教和无接触式疫情相关数据的采集，累计在全国排查 5900 万人次，在湖北全省排查 566 万人次，筛查出伴有发热症状居民 1.5 万人，流行病学史阳性 1.5 万人，疫情排查效率相较人工提升百倍以上，有效建立了智慧化预警多点触发的机制。该项技术被中华预防医学会评为"新冠肺炎疫情防控大数据与人工智能最佳应用案例"，同时也在韩国等海外地区抗疫中规模化使用。

疫情期间，智慧教育远程教学系统在满足"停课不停学"基本教学需求的同时，智能语音交互和因材施教在帮助孩子们克服"在线不在状态"的难题上成效显著；智能会议系统将发言内容实时转换成文字，方便异地同步在线办公；智能体温人脸监测，可以在每分钟300人次的客流通行情况下，快速鉴别出个体温度，并对体温异常、口罩佩戴异常等情况自动报警；"健康码"上线，运用大数据对比和分析技术，加强疫情溯源和监测，切实保障了群众的日常生活和企业的复工复产。大量人工智能技术产品走进了人们的生活，以人工智能为代表的新兴技术在疫情防控中发挥了重要作用，取得了良好的效果。可以说，这次中国疫情的控制，是政治体制和管理机制的成功，也是用人工智能解决社会刚需的成功。

人工智能在过去60多年的发展历程里，一方面，在技术创新上，已经实现了"让机器能听会说、能看会认"，正朝着"让机器能理解、会思考"的方向发展；另一方面，在教育、医疗、社会治理、司法、翻译、办公等关系民生福祉的各行各业也开始切切实实解决刚需应用。埃森哲（Accenture）的分析报告指出，到2035年，人工智能会让12个发达国家的经济增长率翻一倍。未来10年，人工智能将像水和电一样进入每一个行业，深刻改变世界。

一、人工智能发展史概述

1956年夏天，在美国达特茅斯学院，一群科学家提出了"人工智能"这个概念，他们当中有后来获得了图灵奖的麦卡锡、明斯基，后来获得了诺贝尔奖的哈伯特·西蒙，后来成为信息论开山泰斗的香农。纵观世界人工智能发展史，人工智能的发展历史是跌宕起伏的，总共经历了3次浪潮。

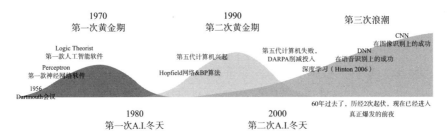

图1　人工智能的三次浪潮

人工智能发展的第一次浪潮是从 1956 年开始到 20 世纪 80 年代，这个阶段基础理论集中诞生，奠定了人工智能发展的基本规则。1970 年，人工智能的第一次浪潮达到顶峰，在这次浪潮中，人们已经可以通过第一代神经网络算法，证明《数学原理》中的 38 项。为此，"人工智能"的创始人之一明斯基甚至兴奋地宣告"未来 3 到 8 年，计算机的智能就可以达到人类的平均水平"。但很快他自己就证明了第一代神经网络是有缺陷的，技术缺陷、算力不足、数据缺失给人工智能的发展前景蒙上了一层阴影，1980 年人工智能第一次进入冬天。

人工智能发展的第二次浪潮是从 20 世纪 80 年代初到 20 世纪 90 年代中，随着 1982 年 Hopfield 网络和 1986 年 BP 算法 (反向传播算法) 的出现，多层神经网络的学习成为可能，解决了第一代神经网络的缺陷，让人们再次看到了人工智能的希望。但是由于这些算法受到计算机运算能力的限制以及很多场景下算法难以收敛，引发了 2000 年人工智能的第二次冬天。

2006 年，随着深度学习算法的正式提出，人工智能迎来了第三次发展浪潮。互联网和移动互联网积累的海量训练数据、以 GPU 为代表的算力提升也为深度学习的快速发展奠定了外围基础。在这次发展浪潮中，智能语音、计算机视觉、机器翻译、自然语言理解、人机对弈等领域得到了前所未有的发展。2006 年，Hinton 将受限玻尔兹曼机应用于深度神经网络的预训练，解决了深度神经网络的收敛问题。2011年，深度学习在语音识别领域率先取得突破，深度前馈神经网络成功应用于大词汇量连续语音识别，科大讯飞于当年在全球发布了首个语音云平台，宣告手机听写时代到来。随后深度学习迅速应用于语音合成、说话人识别、语音评测等智能语音的其他领域，而随着循环神经网络、卷积神经网络以及端到端深度学习框架不断应用于智能语音系统，智能语音的行业应用取得了前所未有的发展。

2012年，Hinton团队提出深度卷积网络Alexnet，在图像识别Imagenet任务上的效果显著优于传统非深度学习算法。随后，以DeepID为代表的深度学习算法成功应用于人脸识别领域，超过人眼识别效果。接着，VGGNet、ResNet等代表性算法不断提升着图像识别的效果，深度卷积神经网络在计算机视觉领域得到了全面应用。2014年，基于编码器—解码器结构的神经机器翻译模型的出现，标志着机器翻译进入深度学习的时代；随后，通过在神经网络翻译基础上引入注意力机制，机器翻译的效果取得显著提升，注意力机制很快成为深度学习中的主流技术。2016年，DeepMind公司通过计算机程序学习人类的3000万局对弈的棋谱，发明了基于深度强化学习的围棋人工智能程序AlphaGo，并以4∶1的成绩击败韩国围棋国手李世石，在世界范围内引起了人们对人工智能的广泛关注。2018年，BERT等预训练模型技术大幅刷新了自然语言处理任务的技术水平，并掀起以预训练模型为基础、有监督微调为代表的自然语言理解新技术范式，迅速在文本生成、图像描述、自动摘要等任务中大规模应用。随着移动互联网数据的爆发式增长，以生成对抗网络为代表的无监督学习方法已成为深度学习的下一步发展方向，引起了众多学者的关注，有望进一步促进人工智能的发展。

二、人工智能产业发展现状

随着云计算、大数据等产业的迅猛发展与广泛应用，以人工智能行业应用为代表的微软、特斯拉、科大讯飞、海康、商汤，以人工智能搜索和社交应用为代表的谷歌、脸书、腾讯、百度，以人工智能电商应用为代表的亚马逊、阿里巴巴、京东，以及以人工智能芯片研发为产业的英伟达、华为、寒武纪等科技公司正处于蓬勃发展状态，人工智能发展迎来持续热潮。当前，人工智能产业发展呈现出热潮全球化、竞争白热化、投资密集化、应用普适化、服务专业化、平台开源化、技术硬件化、算法集成化、创新协同化、影响大众化的"十化"发展特点。按普华永道（PwC）的预测，到 2030 年全球市场规模将达到 15.7 万亿美元，约合人民币 104 万亿元。（注：普华永道的预测中包含带动的产业规模）

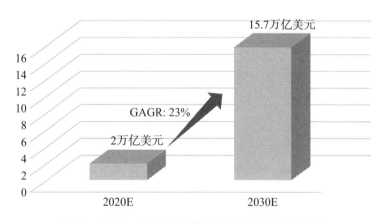

图 2　2020—2030 年全球人工智能市场规模预测

资料来源：普华永道（PwC）2019 全球人工智能研究报告。

1. 人工智能技术和产业快速发展，中国企业源头创新持续突破

当前，在深度学习算法、云计算和大数据等推动下，新一代人工智能技术和产业迅速发展。根据人工智能发展特点，一般将人工智能分为运算智能、感知智能和认知智能三个阶段。运算智能方面，GPU、TPU等智能处理芯片和大规模云计算技术快速发展，让机器具备了显著超越人类的运算和存储能力；感知智能方面，以语音识别、语音合成、图像和文字识别等任务为代表的人工智能技术突飞猛进，在移动互联网积累的海量训练数据支撑下，让机器"能听会说、能看会认"的能力达到和人类相媲美的水平，甚至逐步地超越人类；认知智能方面，不同应用场景下机器"能理解、会思考"的认知能力目前具有较大差异，例如，在医疗病情诊断、司法辅助判案等信息充分、规则明确的场景，认知智能已经达到较高实用水平，但在深层逻辑推理、灵感创意等方面跟人类还有很大差距。

运算智能
能存会算

感知智能
能听会说，能看会认

认知智能
能理解会思考

图 3　人工智能的三个阶段

在产业应用方面，人工智能在信息完备（Information-complete）的场景中，将达到并超过人类水平，从而将人类从繁杂枯燥的重复劳动中解放出来。在信息不完备（Information-incomplete）、需要结合背景知识

或者其他信息来共同决策的场景中，人工智能通过向顶尖专家学习，可达到一流专家水平，将以人机协同方式，共同促进新发展，而机器能承担的工作量占比将会越来越大。而在基础科学研究、艺术创作等信息完全开放（Information-free）的场景中，由于缺少有效的信息输入和明确的结果输出，人工智能技术将以人类主导、机器辅助的模式进行产业化。

从目前人工智能产业发展情况看，我国专业人工智能公司和互联网巨头、创业公司在人工智能基础层、技术层与应用层的参与热情均较高，特别是在源头技术创新领域，科大讯飞、商汤科技等中国企业开始在全球语音和图像等多个领域取得成功，留下中国科技的印记：

2012年，让机器的英文语音合成自然度全球率先超过人类水平；

2014年，让机器的人脸识别准确率全球率先超过人眼水平；

2015年，让机器的语音识别准确率全球率先超过人类速记员；

2016年，让机器的中英文口语作文评测全球率先达到人类专家水平；

2017年，发布全球首个深度学习神经网络处理器芯片；

2017年，让机器全球率先通过国家执业医师资格考试；

2018年，让机器的口译翻译率先达到全国翻译专业资格考试英语二级《口译实务（交替传译类）》合格标准；

2019年，让机器在 SQuAD 问答阅读理解评测中全球率先超过人类平均水平。

基于包括上述技术等核心相关技术的进展，2017年7月8日国务院印发的《新一代人工智能发展规划》中明确指出，我国人工智能"部分领域核心关键技术实现重要突破。语音识别、视觉识别技术世界领先"。

2. 产业集聚态势明显，投融资额逐年增大

艾瑞（iResearch）报告显示，北美、亚洲和欧洲是全球人工智能发

展最为迅速的地区。截至 2019 年年底，北美地区共有 2472 家人工智能活跃企业，超级独角兽企业 78 家；亚洲地区活跃人工智能企业 1667 家，超级独角兽企业 8 家；欧洲地区活跃人工智能企业 1149 家，超级独角兽企业 8 家。

德勤（Deloitte）报告显示，在过去 5 年间，全球人工智能领域投资出现快速增长。全球人工智能领域融资在 2017 年迎来全面爆发。据不完全统计，2017 年全球人工智能融资总额跃升至 104 亿美元，并在 2018 年持续增加。截至 2019 年上半年全球人工智能领域共获融资超过 109 亿美元。2020 年 7 月 20 日寒武纪在科创板上市，作为目前 A 股上市公司中首家以人工智能芯片设计为主营业务的上市公司，寒武纪从创立到 IPO 用了不到 5 年时间，上市首日涨幅超 230%，市值一度破千亿。

3. 产业生态逐步建立，赋能作用初步显现

从当前发展情况看，大量人工智能企业抢占发展先机、深耕应用层细分行业，快速成长为独角兽。国内外科技巨头纷纷提升在应用层的技术研发、资金投入、人才储备、投资并购和资源整合力度，通过整合搭建起"硬件＋软件＋数据"的人工智能整体方案解决平台，形成庞大的人工智能生态圈。人工智能技术的赋能作用逐步在教育、医疗、司法、翻译、政务服务等多个细分领域崭露头角。我国科技部 2017 年依托百度、阿里、腾讯、科大讯飞 4 家公司分别在自动驾驶、城市大脑、医学影像和智能语音领域建设新一代人工智能四大开放平台，2018 年以后又陆续设立了 11 个包括视觉计算、基础软硬件、智能供应链、信息安全等多个领域的新一代人工智能开放平台。

2019 年赛迪研究院（CCID）发布了《2019 赛迪人工智能企业百强榜研究报告》。该报告从基础指标、企业成长性、创新能力、团队能力 4

个维度对 700 余家中国人工智能主流企业进行定量评估，结果显示综合实力前 10 名的企业分别是：阿里巴巴、百度、腾讯、华为、科大讯飞、华大基因、海康威视、蚂蚁金服、字节跳动、京东。中国人工智能百强榜单上的企业多为 2014—2016 年成立的年轻企业，但榜单前 10 强的企业多为知名龙头企业。

4. 支持政策陆续出台，人工智能上升为国家战略

当前，世界主要经济体均已将发展人工智能上升为国家战略。

我国政府高度重视人工智能技术的发展和应用。2017 年 7 月，国务院印发《新一代人工智能发展规划》，文件指出"到 2030 年，人工智能理论、技术与应用总体达到世界领先水平，成为世界主要人工智能创新中心"。习近平总书记在 2018 年 10 月中共中央政治局就人工智能发展现状和趋势举行的第九次集体学习中强调，"人工智能是引领这一轮科技革命和产业变革的战略性技术，具有溢出带动性很强的头雁效应"。2018 年 12 月中央经济工作会议在北京举行，会议强调"加强人工智能、工业互联网、物联网等新型基础设施建设"。2020 年全国"两会"政府工作报告提出，"重点支持既促消费惠民生又调结构增后劲的'两新一重'建设"，着重强调"加强新型基础设施建设"，以人工智能为代表的新一代信息技术成为新型基础设施建设的重要内容。

美国也连续发力人工智能，2019 年 2 月，美国总统特朗普签署了一项行政命令，启动"美国人工智能计划"，提出"美国在人工智能领域的持续主导权，对维持美国经济与国家安全而言至关重要"。2020 年 8 月，白宫提出了 2021 年的非国防预算，其中包括将人工智能和量子计算方面的支出增加约 30%。

欧洲也将人工智能确定为优先发展项目，2018 年 4 月，欧盟委员会

提交了《欧洲人工智能》；2018 年 12 月，欧盟委员会及其成员国发布主题为"人工智能欧洲造"的《人工智能协调计划》；与美国对比，欧盟更加重视人工智能的道德和伦理研究，并在多份文件中表明人工智能发展要符合人类伦理道德，如 2020 年 3 月颁布的《走向卓越与信任——欧盟人工智能监管新路径》明确提出，为解决能力不对等和信息不透明，保障人民相关权利，需要建立人为监督的监管框架，重视数据安全和隐私保护。

日本依托其在智能机器人研究领域的全球领先地位，积极推动人工智能发展，2018 年 12 月日本内阁府发布《以人类为中心的人工智能社会原则》，肯定了人工智能的重要作用，同时强调重视其负面影响，如社会不平等、等级差距扩大、社会排斥等问题，主张在推进人工智能技术研发时，综合考虑其对人类、社会系统、产业构造、创新系统、政府等带来的影响，构建能够使人工智能有效且安全应用的"人工智能—Ready 社会"。

三、如何判断人工智能当前发展是否能够实现规模化落地应用

自 2017 年国务院发布《新一代人工智能发展规划》以来，新一代人工智能在产业应用落地上蓬勃兴起，在政策引导和资本大量涌入下，国内人工智能领域迎来空前繁荣。与此同时，也有一些企业打"概念牌"搞虚假繁荣，助推了行业"泡沫"的出现。这要求我们尽快梳理出判断人工智能规模化应用的标准，厘清真伪，让产业健康发展。

今天的人工智能规模化应用的标准用什么来衡量？我们认为有三大标准。

第一，有看得见、摸得着的真实应用案例。人工智能应用不能只讲概念，一定要有看得见、摸得着的应用场景，让专业人士、决策者和普通用户都能一目了然。

第二，有能够规模化推广的产品。应用场景的真实案例不能仅仅是花重金打造的面子工程，必须要能规模化推广，要有对应的软硬件产品。

第三，可以通过统计数据证明应用成效。用户不会因为人工智能概念而埋单，必须要能用统计数据证明应用成效，比如，能力提升、成本降低、危险岗位替代、情感满足等具体数据。当人工智能产品切切实实拥有比较优势，打动海量实用主义用户时，规模化应用红利就会到来。

基于当前人工智能的发展阶段和行业生态，我们可以从"人工智能＋教育""人工智能＋医疗""人工智能＋社会治理""人工智能＋司法""人工智能＋翻译""人工智能＋办公""人工智能＋公益""人工智能＋奥运会"八方面来看具体案例，梳理当前人工智能在社会各领域应用的成功实践，探索运用人工智能技术满足社会需求的现实路径。

1. 人工智能＋教育：让资源均衡，为师生减负，真正实现"因材施教"

近年来，"优质均衡"已成为我国义务教育改革发展的要求和新时代赋予的重要历史使命。2019年2月，中共中央、国务院颁布我国第一个以教育现代化为主题的中长期战略规划《中国教育现代化2035》，将"加快信息化时代教育变革"列入战略任务，并提出推进教育现代化的八大基本理念；2019年7月，中共中央、国务院发布的《关于深化教育教学改革全面提高义务教育质量的意见》中也明确指出，要促进信息技术与教育教学融合应用，提出在义务教育阶段，教师要融合运用传统与现代技术手段，重视情境教学；精准分析学情，重视差异化教学和个别化指导。

然而，教育资源不均衡、师生负担重，仍然是当前社会关注度最高、教育中最突出的问题之一。由于区域经济发展不平衡，农村偏远等欠发达地区普遍存在师资力量不足，教学资源匮乏以及开不足、开不齐、开不好课等问题，特别是语言类、实验类、音乐等素质拓展类学科尤其明显。同时，教、学负担重，且多数时间应用不合理。根据国家社科基金"中学专任教师工作量状况及标准"课题研究，教师每周工作时间超过 54.5 小时，全年作业批改量达 1.2 万本，大多数教师为了完成备课、批改作业等，需加班工作，且大部分时间用于批改作业等重复性工作；中学生每天学习时间超 12 小时，大多数平均睡眠时间不到 7 小时。根据国家发改委大数据专项"基础教育大数据研发与应用示范工程"的数据分析，学生日常作业中存在大量无效重复练习，部分学生作业中无效重复练习高达 60%。

人工智能核心技术的突破为解决以上问题提供了可行的路径。以口语评测、智能阅卷、语义理解、知识推理等为代表的人工智能技术创新实践应用，正改变着教育教学方式，对教育均衡发展、落实师生减负并实现因材施教，具有重大应用价值和社会意义。

人工智能语音合成技术，在 Blizzard Challenge 国际评测中已超过普通人发音水平，可由机器给出标准的普通话和英语发音，能很大程度上解决农村等偏远地区英语、语文等语言类学科因师资力量不足，开不足、开不好课的问题。

人工智能口语评测技术，经过国家语委权威技术的鉴定，已达到国家级测试员水平。目前正大规模应用在普通话等级考试、中高考英语听说考试、大学英语四六级考试中。其中，普通话等级考试已覆盖全国 31 个省级行政区，累计服务考生超过 1.5 亿人次；中高考英语听说考试已在广东、北京、天津、上海、江苏等 20 多个省市规模应用。

随着 OCR 识别、语义理解等多项技术的进步，在高考、大学英语四六级考试中的大规模验证结果表明，机器在作文等主观题的评分上都已达到甚至超过专家水平。它可以辅助人工阅卷，大幅提升阅卷效率和准确性，助力教育公正。近年来，该技术已在全国多省市的高考和中考中规模化应用，有效助推了高考改革的实施。

知识推理技术，也在教学和学习中被广泛应用。通过人工智能的知识图谱和习得顺序，结合学生历次学情数据，生成每个学生的个人画像，并向师生精准推送个性化教与学优质资源，大幅降低无效重复教学时间，实现因材施教。科大讯飞"基础教育大数据研发与应用示范工程"面向3.5万名学生的实验结果表明，人工智能因材施教可让同样知识点的学习训练题量减少50%，学生学习成绩提高、焦虑情绪下降，学习兴趣也明显增强。

2. 人工智能 + 医疗：让优质医疗资源公平可及

实施健康中国战略，是党的十九大报告提出的重要目标。健康中国关系到每个人的切身利益，也是人民群众获得感、幸福感的重要来源。"强基层、补短板"是当前国家医疗体系改革的重点，但是基层医疗卫生服务体系挑战诸多。

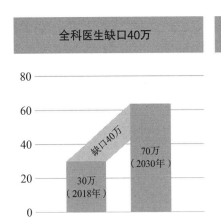

图 4　基层缺乏优质医疗资源

中国医师协会的数据显示，目前全科医生距离实现 2030 年城乡每万名居民拥有 5 名合格全科医生的目标，还有将近 40 万名的缺口需要填补。在边远贫穷地区，全科医生不足的问题更加突出，乡镇卫生院本科以上医生占比仅为 4.6%，在村卫生室占比只有 0.4%。现有手段很难从根本上解决供需矛盾：赴基层帮扶的专家无法长期留在基层；现有互联网医疗服务模式也无法减少对专家资源的依赖；面向基层医学的教学培训无法在短期内快速提升诊疗能力。

随着人工智能技术的发展，以上突出矛盾有望通过技术路径得以解决。2017 年，科大讯飞"智医助理"机器人以 456 分的成绩在全球首次通过了国家临床执业医师笔试测试，超过了 96.3% 的人类考生，机器首次具备了全科医生的潜质。2018 年 3 月以来，"智医助理"在安徽省卫生健康委的统一规划下在安徽省率先应用，2019 年覆盖了全省 65 个县区，2020 年将实现全省覆盖。目前"智医助理"在安徽省已协助医生完成超过 4500 万份电子病历，累计提供 6000 万条辅助诊断建议，能够在不改变基层医生现有工作流程的情况下有效辅助医生提升诊疗水平。在规范诊疗方面，系统通过实时病例质检，将安徽基层电子病例的规范率从上线前的 10% 提升到 90%；在辅诊建议方面，系统可在基层医生诊疗过程中实时给出诊断建议、诊断依据以及检查建议，显著提升基层医生的诊疗合理性，将诊断的合理率从上线前的约 70% 提升到现在的约 90%；在重大疾控方面，当基层出现重大传染病和危险疾病，或基层医生和"智医助理"诊断不一致时，系统会自动将病历提交给医联体和上级医生供及时干预，实现上级专家对基层医生的精准指导，构建医联体、医共体帮扶基层诊疗服务闭环和重大传染病、危险疾病的自动预警。

以通过智能辅诊技术提升基层医生传染病诊断水平，促进传染病发现、上报为例。2020年7月，对安徽某市过往3个月的193万份基层电子病历进行手足口病回顾性实验分析发现，在基层医生未诊断为"手足口病"的病历中，"智医助理"提示"疑似手足口病"368例，经过中国科技大学附属第一医院、安徽医科大学二附院5位儿科临床专家论证，其中300例与专家诊断一致。专家组一致认为"智医助理"的辅助提示与专家诊断手足口病一致性较高，能够有效辅助提升基层医疗机构医生传染病识别、诊断和直报的能力。

该系统除在安徽省规模化落地外，还在西藏、宁夏、内蒙古、青海、新疆、浙江等十多个省（区、市）的百余个区县推广应用。

3. 人工智能 + 社会治理：让公共服务"耳聪目明"，让城市治理更有温度

习近平总书记2020年4月在杭州考察时提出，要"让城市更聪明一些、更智慧一些"。如何提高城市各种核心、突出、重大事件的协同处置和辅助决策能力，实现城市智慧化全面升级，已成为新时期城市治理的刚需。运用大数据、云计算、区块链、人工智能等前沿技术推动城市管理手段、管理模式、管理理念创新是城市治理科学化、精细化、智能化的重要体现。国务院《新一代人工智能发展规划》指出，要开发适于政府服务与决策的人工智能平台，研制面向开放环境的决策引擎，在复杂社会问题研判、政策评估、风险预警、应急处置等重大战略决策方面推广应用。在中央和地方政府推动"放管服"和"一网、一门、一次"改革的过程中，"服务搜不到、搜不全，事项办不快、办不成，政府集成式、套餐式服务能力弱"普遍成为办事企业、群众、政务管理机构和工作人员切实面临的主要难点。

当前，围绕"人工智能 + 政务"的核心技术和数据化应用不断推陈

出新，涌现了诸多优秀的产品和服务。对于办事企业、群众而言，通过智能语音、自然语言理解、人脸识别、大数据等技术，能够实现智能搜索、智能问答、智能办理功能，让企业、群众在办理相关审批事项时，搜得到、搜得全、办得快、办得成。通过在浙江、安徽等地的实际应用统计，得出服务搜索的准确率从40%提升至90%，在线问答完成率从30%提升至70%，个人服务全程网办能力从26%提升至90%。近期安徽在皖事通办平台上推出既有空间位置又有服务事项，既能查询又能办事的7×24小时不打烊"随时办"服务举措，目前已汇聚各类服务场所2.14万个、自助服务终端4331台，上线各类服务事项122.8万个，实现企业、群众办事好找、好问、好办。对于政府部门窗口人员而言，OCR识别、规则引擎、大数据等技术，能够实现智能受理和智能审批功能，从而更好地提供一站式、套餐式、集成式的服务，促进部门审批精准化、便捷化。安徽已推出261项智慧审批事项，实现办事人"零填报"、机器"秒审批"，办理环节由平均4个减少为1个，审批时间从平均3个工作日变为秒办。杭州富阳推出16个人生"一件事"服务，覆盖全区近70万群众，年均直接受益者达19万余人，年均减少群众跑腿89.6万余次，精简材料393.72万余份，人均缩短办理周期累计367个工作日。如出生"一件事"，改革前跑5个部门，提供14份材料，改革后在医院窗口一次申请、一份材料、一站办结。合肥"交通超脑"通过大数据和人工智能技术，构建交通态势感知、堵点挖掘分析、语音指挥调度、交通信号优化等应用，实现高峰拥堵延时指数连续3年下降。2019年在全市人口和车辆增长的背景下，同样的路网，高峰延时指数同比下降7.4%。

2020中欧绿色智慧城市峰会上，在全球征集的150余个数字化抗疫案例中，铜陵市打造的"铜陵城市超脑"荣获"2020数字化抗疫优秀案例"奖。"铜陵城市超脑"一是提升城市治理效率。城市治理类事件发现量提升 900%，事件处置时长却缩短 70%，事件量增长的同时全面提升了工作效率。并且，整合现有城市治理事件人工上报渠道，通过高度拟人化的智能语音客服，实现 70% 咨询类事件自动答复，事件工单智能辅助填写，80% 诉求智能语音自动回访，极大提升了市民诉求的接听和处置效率。二是创新城市治理机制。推动城市事件协同处置机制、网格化评估机制，以及数据驱动下的非现场处罚、柔性劝导等城市治理工作新模式，如店外经营、户外广告牌违规摆放等轻微违法行为，智能识别并自动发送提示信息，劝导店主及时整改，促进城市治理更加科学化、智慧化、精细化。

4. 人工智能 + 司法：助力公平公正高效的"阳光司法"

人工智能等新技术在司法执法领域的应用是人工智能国家战略的重要部分，在党的十八届四中全会上审议通过的《中共中央关于全面推进依法治国若干重大问题的决定》（以下简称《决定》）中，明确提出：推进严格司法。"两高三部"为贯彻落实《决定》的有关要求，推进以审判为中心的刑事诉讼制度改革，依据宪法法律规定，结合司法工作实际，制定了《关于推进以审判为中心的刑事诉讼制度改革的意见》。

开发"推进以审判为中心的刑事诉讼制度改革软件"，是推进以审判为中心的刑事诉讼制度改革的重要内容和切入点，通过建立统一的证据标准、规则指引，发挥软件系统的校验、提示、把关、监督作用，可以更好地落实公、检、法、司 4 家机关的办案职责，同时推动信息基础设施共建共享、互联互通、开发兼容，促进技术融合、业务融合、数据融合，使整个刑事诉讼流程全程可视、全程可控、全程留痕，更好地体现"分工负责、互相配合、互相制约"的刑事诉讼原则。

近年来，人民法院依法纠正了 39 起冤假错案。产生冤假错案的原因是复杂的，但案件事实不清、证据不够确实充分是主要原因之一。运用人工智能等新技术，实现对证据的审查、校验和把关，及时发现证据中存在的瑕疵和证据之间的矛盾，及时提示给办案人员查证、补正，确保侦查、审查起诉的案件事实证据经得起法律的检验，从源头上预防冤假错案的发生。

各政法单位受理案件逐年上升，国家严格控制编制增加，案多人少矛盾已成为重要瓶颈问题之一，在不能增加编制的情况下，向科技要力量、要效率是主要出路。引入智能语音、图像识别、逻辑推理、要素分析等人工智能技术的运用，面向公安、检察院、法院、政法委等司法相关主体提供行业级综合解决方案，提升司法系统的智能化水平，可以将办案人员从大量事务性、辅助性工作中解放出来，集中精力从事核心业务。这不仅缓解了案多人少的矛盾，而且大大提高了审判质效，为司法体制改革注入强大动力。

"刑事案件智能辅助办案系统"作为"推进以审判为中心的刑事诉讼制度改革软件"的成果率先在上海落地，这是人工智能司法应用的重大突破。通过对全国刑事案件大数据进行分析，制定常涉刑事案件罪名对证据标准指引，覆盖了常涉罪名 102 个，将办案过程中的常见证据、形式及程序要件，形成智能化的校验模型，通过智能化手段提醒办案人员办案过程不符合规范的瑕疵点，避免错误产生。2019 年 1 月 23 日，上海在全国首次运用"刑事案件智能辅助办案系统"辅助公开庭审。目前，上海已实现"3 个 100%"的工作目标：证据标准指引覆盖常涉罪名达到 100%、本市常涉罪名案件录入系统达到 100%、一线办案干警运用系统办案达到 100%。上海常涉罪名的刑事案件办理已实现立案、侦查、报捕、起诉、审判均在"刑事案件智能辅助办案系统"内运行。截至 2020 年 9 月，刑事案件智能辅助办案系统已在安徽、山西、贵州、新疆生产建设兵团等地推广应用，累计辅助办理案件超 30 万件，审核证据超 603 万个，发现瑕疵 18 万个以上，有效助力公平公正高效的"阳光司法"。

5. 人工智能 + 翻译：沟通从此无碍，人类语言大互通

党的十八大明确提出，"要倡导人类命运共同体意识，在追求本国利益时兼顾他国合理关切，在谋求本国发展中促进各国共同发展"。习近平总书记强调，共建"一带一路"，关键是互联互通。构建全球互联互通伙伴关系，实现不同文明间的互动，首要解决语言的自由互动问题。所以，解决跨语言交流的障碍，是互学互鉴、交流合作的基本前提，也是全球一体化以及人类命运共同体大趋势中应该最先攻克的难题。随着"一带一路"倡议的落地实施，沿线所涉及的语言交流需求进一步增加（涉及东亚、东盟、西亚、南亚、中亚、独联体、中东欧一共 64 国，52 种语言）。同时，随着全球化趋势的不断加深，人们的工作环境更加多元，消费需求更加多样，在出国旅游、国际商务活动等过程中，对于多语种翻译工具准确性、便捷性、通用性的需求不断提高，极大地刺激了智能翻译市场的活力，为人工智能在翻译领域的应用拓展了空间。2018 年 11 月，讯飞翻译系统首次参加全国翻译专业资格（水平）考试科研测试，经专家评委严格评定，达到英语二级《口译实务（交替传译类）》和三级《口译实务》合格标准。目前讯飞翻译机已具备 59 种语言能力，覆盖了 200 多个国家和地区。

相比手机翻译软件，独立的翻译机在软硬件设计上可做到更加专业精准。语音识别、语义理解、机器翻译、声音合成等智能语音技术及图像识别技术全面提升翻译水平和翻译速度，使得智能翻译机即使在嘈

杂环境中也能"听得清",面对不同语种、方言、行业术语也能"听得懂",在不断自我学习进化中"译得准",媲美播音员的智能语音合成"发音美"。

6. 人工智能＋办公：赋能个人、组织的智慧办公效率提升

人工智能在办公方面，能辅助高效会议记录、流转、执行、监督。在提高会议效率方面以全国两会为例：会议结束即可产出代表委员发言的文字纪要稿，而且可以音字对齐，快速查找回顾。人工智能＋办公支持 2019 年全国政协十三届第二次会议的各界别小组共计 58 个会场的简报出稿工作，实现会后半小时即可出简报和政协委员发言实录。全国人大会议安徽省代表团以及上海市等地方"两会"上都连续多年使用了人工智能系统提供会议服务。当前，在国务院下属中央部委单位开始尝试使用"人工智能＋办公"的比例已达 65%。

人工智能在辅助办公方面，以信访为例：语音和图像识别技术实现信访事项智能辅助办理和查重，语义理解实现信访问题智能分析、审查和研判。针对信访材料，可自动查重，摘录关键内容填充到 17 个栏目中并生成 3 句话摘要，大幅减少信访件处理时间，同时对后继处理给出辅助指导。信访事项办理周期平均缩短 22 天，办理效率提升 46%，有效提升了信访工作的质量和效率。

新冠肺炎疫情以来，现场＋远程的办公模式对国家机构创新服务和有效运转提出了更高的要求，采用"人工智能＋远程视频"的方式，成为各级机构发挥职能作用的有益尝试。

人工智能在辅助个人办公方面，通过对智能录音笔、智能办公本、智能鼠标、智能键盘、智能翻译机等智能硬件的持续赋能，以及打造录音、字幕转写及会务服务网站和 APP 平台，为作家、记者、学生、老师、

文员等文字音视频工作者提供丰富的人工智能应用产品和服务，已使得超过 1000 万的个人用户享受到人工智能时代带来的便利。

7. 人工智能 + 公益：让扶贫有精度，让科技有温度

习近平总书记提出"精准扶贫"的指导思想，指出"扶贫要实事求是，因地制宜"。通过人工智能技术推动产业发展、促进社会进步，让人工智能触达各类群体，可以更好地帮助基层群众在语言、助残、农业等方面全面提升获得感和幸福感，是人工智能回馈社会的一条有温度的路径。

用人工智能技术帮助不会说普通话的群体，特别是少数民族群众认读常用规范汉字、掌握日常生活用语，从而更好地推动以就业带动脱贫。教育部、国家语委、国务院扶贫办和科大讯飞、中国移动于 2019 年 4 月签订"推普脱贫攻坚战略协议"，推出普通话学习类应用——语言扶贫 APP，目前已在云南、广西、甘肃、新疆等地使用，累计助力近百万各民族群众快速提升国家通用语言文字应用水平，让他们具备外出务工的沟通交流能力，从而更自信地走出贫困地区。

用人工智能技术"让聋人看得见声音，让盲人听得见文字"。"三声有幸"人工智能助残计划，把人工智能技术免费开放给听障、视障等公益人群，让聋人通过语音识别"看得见"声音，盲人通过语音合成"听得见"文字。"音书 APP"参与这项公益计划，专门为听障人士沟通交流服务，内中嵌入语音识别及语音合成等技术，"字幕系统"将外界的声音转为文字显示在屏幕上；"言语康复系统"帮助聋人练习发音，提高聋人说话的可辨识度；"手语学习"则可以帮助聋哑人学习手语实现听障人士的信息无障碍沟通，同时通过人工智能技术进行语言康复，进一步改善听障人士与外界沟通的现状。

用人工智能技术"助力农户智能养猪、精准建档"。猪场铺上了连接

ET 农业大脑的摄像头，解决了人工大规模养殖的深度拓展和降本增效问题，还形成了更智能、更精细的养殖模式，通过图像识别技术，每一头生猪都有自己的档案，包括品种、天龄、体重、进食情况、运动频次、轨迹、免疫情况等，这些数据可用于分析行为特征、料肉比等。同时结合声学特征和红外线测温技术，可通过猪的体温、咳嗽、叫声等判断是否患病，预警疫情。

8. 人工智能 + 奥运会：助力 2022 年北京冬奥会，打造首个沟通无障碍奥运会

一直以来，奥运会都是全球各族人民各种语言交流沟通最重要的国际舞台之一。2019 年 9 月 16 日，北京 2022 年冬奥会和冬残奥会在奥运会历史上首次设立了"自动语音转换与翻译供应商"，科大讯飞成为独家供应商，将助力北京打造史上首个沟通无障碍奥运会冬奥会和冬残奥会：

志愿者、工作人员和运动员都可以通过智能翻译机自动进行沟通和交流；

各种会议可以通过自动翻译进行更好的会场服务和会议资料的分发和传播；

比赛的结果官方发布之后，可以自动翻译成世界各国语言同步发布；

可以合成各国运动员的声音，通过奥运吉祥物雪融融把北京故事带到全球，使它更有吸引力；

冬残奥会成为让"盲人能够听得见文字，聋人能看得见声音"的信息沟通无障碍的奥运会。

北京 2022 年冬奥会和冬残奥会将为赛事提供语音识别、语音合成、机器翻译等服务，成为"技术成果运用到奥运会上的一次发令枪和冲锋号"，用先进科技让中国声音、中国故事传得更远、更清晰，有效提升我

国国家形象、民族形象。

四、人工智能下一步发展的关键创新点

人工智能要取得更大规模的推广和应用，离不开持续的技术创新。技术创新可以分为技术延伸性创新、基础理论研究创新和技术应用模式创新3种类型。

1. 技术延伸性创新

小样本学习技术。当前深度学习技术对于标注数据非常依赖，但很多实际任务中难以获取大量的标注数据，例如小语种机器翻译任务等。如何提高深度学习技术的小样本学习能力是人工智能实现更大规模应用的关键。比如，科大讯飞针对机器翻译任务提出的一种半监督训练方法，用200万句训练语料达到了2000万句训练语料的效果。针对语音合成任务，在仅有5分钟训练数据的情况下，合成语音的自然度达到实用水平，接近1小时训练数据下的合成效果。

动态自适应技术。场景的复杂多变是影响人工智能实际应用效果的主要因素之一。例如，语音识别需要面临各种噪声环境和口音人群，当前的深度学习技术因数据均衡性等问题，难以兼容各种场景，往往会顾此失彼。因此，通过快速自适应技术，提高深度学习对不同个性化场景的兼容性，对于人工智能应用场景的拓展至关重要。

迁移学习技术。多语种人机交互是助力国内企业出海发展和产业升级的关键技术，而跨语言沟通则是实现"一带一路""五通"目标和构建人类命运共同体的重要支撑。基于语种之间的相似性，进行跨语言迁移学习，是快速构建多语言语音识别、语音合成等能力的重要技术之一。

例如，对于同一语系的数据，可进行语系内语种的相似性迁移（比如，俄语上的经验可以迁移到德语），而对于不同语系的数据，可以借助英语作为桥梁，建立不同语种之间的相关性。基于不同语种之间的关联性学习，可以有效拓展训练数据的覆盖度，降低其对于同一语种数据的依赖度，进而有效提升不同语种的语音识别效果。

端侧计算与学习技术。 随着人工智能应用的拓展以及智能音箱、智能电视、会议转写和机器翻译等智能软硬件设备逐渐普及家庭和内部办公，用户隐私保护问题越来越重要。如何不通过互联网和云计算服务，直接在智能硬件设备端侧进行计算与学习，是人工智能走进千家万户所面临的关键技术问题之一。基于自主学习的端侧计算和学习方法，可以根据智能硬件的自身计算资源自主地选择合适的模型结构，并进行模型的本地化端侧训练和计算。例如，科大讯飞跟合作伙伴联合推出的纯端侧家庭控制中心，可以控制家庭所有终端，但它不联网，充分保护用户隐私。会议转写和翻译可以在本地保密设备上进行，不用联网到后台服务器上，满足内部会议的保密要求。

情感计算技术。 人机交互过程更加拟人化是人工智能和人机交互发展的趋势之一，情感计算可以使得数字化生存时代更加人性化。情感计算赋予计算机感知、表征和表达感情能力是实现人机交互拟人化的关键技术。例如，机器人做医疗电话随访时，他如果发热了，你要表示关切；如果他饮食不习惯，你要表达安慰。在这个过程中有包括情感计算本身的技术，也需要心理学、人文科学等方面的研究。

2. 基础理论研究创新

新一代人工智能算法。 深度学习技术的弱解释性是其面临的主要问题之一，而可解释性是人工智能走向更广阔应用必须解决的问题。例如，在医疗领域，患者不但要知道机器诊断的结果，也要知道结果产生的原因。通过对机器学习中数学理论的研究，提高算法的可解释性是重要的基础理论研究之一。此外，从人类的各项能力中获得启发，并从数学上模拟人类的各种能力，例如，人类对知识的总结、归纳和运用能力，结合深度学习、符号推理等技术，形成新一代人工智能算法也是人工智能领域重要的基础理论研究之一。

脑科学研究。脑科学研究作为一个突破点，有望实现人工智能理论与应用的重大突破。着重探索人工智能背后的脑认知与神经计算的机制，着力解决感觉与运动信息的多模态整合机制、大脑处理感觉信息与加工分析信息的机制以及学习与决策的神经计算机制等科学问题。在此基础上，重点研究类脑的多模态感知与信息处理智能技术，类脑芯片与系统，类脑计算系统以及脑机接口等技术，为提高多模态智能感知与信息智能处理的性能与效率开展基础性、创新性研究，以促进通用人工智能的发展。

3. 技术应用模式创新

由于人工智能技术在信息开放型任务下仍然存在局限性，效果离人类还有一定差距，同时为了满足就业以及人文伦理的需要，人机耦合将是人工智能技术应用过程中长期使用的一种方式。

人机耦合是指机器辅助人类，利用技术帮助人类解决计算密集型和感知智能的问题，由人类对机器已处理的结果进行进一步的确认、处理和决策。这样，人类能站在机器的肩膀上去做更有创意、更人性化的事情。

一个典型的人机耦合研究的例子是 2017 年成立的上海外国语大学—科大讯飞智能口笔译研究联合实验室。这个实验室的重点任务就是进行人机耦合模式下人工智能辅助口笔译方面的研究。一个典型的场景是：

会议同传时，首先由机器生成一个翻译结果，并对关键内容点亮加粗，再由专业同传人员给出最后翻译结果，而将机器翻译在细节完整度、反应速度方面的优势与人工翻译在概括提炼、现场加工方面的优势有效结合，可将最终翻译结果的细节完整度从 80% 提高到 96%，同传人员的疲劳度下降 20%。

未来将会是一个以人为本，人和机器高度协作的人工智能时代，人机耦合的解决方案将会渗透至人工智能落地的各个领域。

五、"人工智能"时代的科技伦理和法律建设

作为一项具有颠覆性和变革性的技术，人工智能经过日益广泛的研发与应用，在深刻改变人类的生产和生活方式的同时，也在人身权益、隐私保护、价值正义等方面构成新型伦理挑战。

人工智能技术和应用，与其他技术相比，会更为明显地、深度地涉及科技伦理和法律方面的问题，主要分为四方面。

1. 人工智能的科技伦理问题

人工智能技术本身的定义是要去模拟和学习人类的智能，所以存在会不会取代人类工作、能否用于窥探人类大脑思想以及机器能不能发展到拥有"意识"从而索要"人权"等科技伦理问题。

客观上，人工智能已经越来越多地取代了人类的工作岗位（如普通话水平评测员、客服员、速录员、翻译员等）或者承担部分工作量。但这些都属于技术进步的必然，就如汽车的发明取代了挑夫、马车等，新技术将来也会催生更多新的工作岗位。然而在当前岗位被替代而新工作未出现的窗口期内，要从社会保障机制上预先做好风险防范。国家在积

极鼓励人工智能合理应用的同时，也要同步做好人工智能技术的科学宣传和普及培训。

从技术角度，这一轮的人工智能技术还远没有发展到能让机器具备"意识"甚至"自我"的任何可能性，当前仍处在"弱人工智能"阶段。但我们不应该等到技术完全成熟才来考虑伦理和法律问题，就如克隆人技术在概念阶段就被各国禁止。在人工智能方面，2017年在加利福尼亚州阿西洛马的Benencial人工智能会议上，来自全球的2000多人，包括844名人工智能和机器人领域的专家联合签署的"阿西洛马人工智能23条原则"是人工智能科技伦理方面比较好的参考，例如，其明确了"人工智能研究的目标，应该是创造有益（于人类）而不是不受（人类）控制的智能"，以及"人工智能军备竞赛：致命的自动化武器的装备竞赛应该被避免"。

2018年10月31日，习近平总书记在中共中央政治局第九次集体学习时指出："要整合多学科力量，加强人工智能相关法律、伦理、社会问题研究，建立健全保障人工智能健康发展的法律法规、制度体系、伦理道德。"

2. 人工智能应用和训练时的用户隐私问题

深度学习是这一次人工智能浪潮的关键技术支撑，但深度学习的训练和应用都需要使用大量用户的真实数据，这里就涉及可能侵犯用户隐私以及敏感信息保护等问题，特别是涉及人脸识别、指纹识别、声纹识别等生物特征识别的人工智能技术及应用场景。例如，2019年Facebook用户数据泄露以及剑桥分析公司利用用户数据隐私影响美国大选等事件引发了人们对人工智能时代个人数据隐私保护的担忧。

这方面，人工智能技术其实和互联网、大数据、云计算一样，面临着相同的问题，因此建议针对人工智能技术普及带来的用户隐私保护问题，制定明确的法律条款，包括但不限于：涉及用户生物特征数据的获取许可、保存、跨境传输、应用等方面的规定。欧盟的 GDPR 就是典型的严格规定之一，但同时已有证据和报道指出欧盟的 GDPR 实质性阻碍了欧盟的新技术特别是人工智能技术和应用的发展，我国应该借鉴其经验和教训。

2020 年 5 月 28 日，第十三届全国人大第三次会议表决通过《中华人民共和国民法典》（以下简称《民法典》）对，数据、虚拟财产施以特别关注，这是对数字技术发展的响应，也是法典中的亮点之一，构建了数字时代个人信息和隐私保护的民法基础。《民法典》通过第 1033 条对于隐私权保护的禁止性行为的列举规定，明确了隐私权保护的典型场景，为人工智能涉足人类生活场景划定合规红线；为限制、避免人工智能技术对自然人的声音或肖像的侵权或不当利用，《民法典》第 1019 条及第 1023 条明确禁止利用信息技术手段伪造方式侵害他人肖像及声音的行为，维护自然人的尊严；为引导人工智能产品开发对隐私保护的重视，《民法典》以第 111 条、第 1035 条及第 1038 条明确对个人信息保护原则及责任的规定，促使人工智能产品开发中关注个人信息保护的交互设计，例如，前端个人信息处理规则的展示、用户行权的界面实现等，以"主动而非被动""预防而非补救"的理念，推进人工智能技术的合规有序发展。《民法典》的颁布也保障了我国的人工智能技术在国际竞争中持续处于领先地位，让我国更多地享受到人工智能技术带来的进步和益处，下一步的普法宣传和法律执行还需要全社会共同努力。

3. 人工智能应用时的市场准入和法律责任主体问题

人工智能系统的应用准入门槛、检测检验机构设置、法律责任归属等，都是全新的法律问题。此外，人工智能技术日益成熟，机器伪造出来的模仿用户的声音和影像，存在一定的"以假乱真"的法律问题。

目前，人工智能系统的探索和使用，处于鼓励创新但同时相对无序状态。典型的例子是2016年微软开发的聊天机器人Tay，在上线社交网络之后不到24小时就被网友"教坏"，被灌输许多脏话及种族歧视思想，最后被紧急叫停。无人驾驶、手术医疗等技术如果没有法律和法规层面的市场准入测试，由企业自行决定是否投入市场，将存在市场竞争无序以及可能误导用户的法律风险。

政府需要出台人工智能应用的相关法律法规，明确规定什么场合下人工智能技术必须通过相关机构严格测试才可以投入市场。大体可以将人工智能技术应用区分为三种情况：第一，用户是否能够辨识出是人工智能技术而非真实人类。建议针对一些可能误导用户的场景（如语音合成、智能客服、机器翻译、语音转写等），出台法律法规明确要求相关产品需要显示告知用户其后台采取的是人工智能技术。第二，该人工智能技术的应用是否是关键场景，是否可能造成用户的生命财产损失。针对关键场景（如无人驾驶、辅助驾驶、智能医疗、智能看护等）建议出台法律法规明确需要严格的市场准入检验以及检验机构要求。第三，针对关键场景，建议出台法律法规明确规定人工智能技术和人所承担的决策责任。当前阶段，在关键场景应该采取人机耦合的方式，由人工智能技术辅助人来做最终决策，把责任主体定义为使用人工智能技术辅助的现场决策人（如司机、医生、翻译员等）。

鉴于人工智能技术的复杂性，一般用户难以准确评价不同技术的水平，建议建立相应评测检验的第三方机构，确保市场上的各种人工智能技术和产品能有序竞争，持续繁荣。

此外，针对人工智能在个性化合成、Deepfake等方面的技术日益成熟，建议国家出台针对此类技术的研发、使用范围的法律法规，同时也要在现有司法证据检验步骤中增加针对人工智能伪造证据的检验能力和程序，防止相关技术被用于诈骗等类型的犯罪。

4. 人工智能参与创作作品的知识产权界定问题

由机器"创作"的诗词、歌曲或者画作等作品，是否拥有版权问题以及版权归属问题，是人工智能技术产生的新知识产权界定新问题。特别是机器在创作过程中，很有可能会用到一些本身具有版权的"底稿"，如小说语音合成的原始小说，自动卡通作画的原始人脸照片、个性化合成所用的原始发音人声音、语音转文字稿的原始语音等，这类问题都是全新的知识产权法律问题。

总体来说，我国现行法律在人工智能领域还存在诸多空白，还需要持续关注人工智能技术造成的伦理和法律问题。其实早在2016年4月，科大讯飞就在工信部支持下牵头华为、京东、平安等十数家企业联合发布了《人工智能深圳宣言》，其中有一条就是呼吁健全相关法律法规体系，引导形成符合人类发展的价值观。建议当前从人工智能技术应用过程的科技伦理问题、用户隐私问题、责任主体问题以及知识产权界定等问题，尽快开始相关科技伦理和法律方面的研究和推进，助力我国在激烈的人工智能技术和应用竞争中保持领先地位，同时真正实现"用人工智能建设美好世界"。

展望未来，面对"人工智能+"的时代使命和接踵而至的挑战，做到核心技术"顶天"，不断攻克人工智能的前沿理论、核心算法、关键技术；产品应用"立地"，以为百业赋能、使万物增值为发展方向和路径，是人工智能企业的责任和使命。同时，政府、企业、高校、研究机构等多元主体应当进一步形成合力，共同探索更加健全的制度体系和良好的治理方式，使人工智能技术更加普惠、健康、可持续，围绕人工智能实现全社会的共商、共建、共享、共赢。

六、展望：三步走，迈向人工智能黄金新十年

疫情之后，整个社会被强推进入"数字化生存时代"：一方面，大量数据的汇聚，为人工智能的发展和应用提供了非常好的战略机遇；另一方面，利用人工智能解决刚需的应用场景越来越多。各种成功的案例也表明，我们的政府和人工智能企业有能力在保护基本数据隐私的前提下，利用人工智能为社会创造真正的刚需价值。

与此同时，资本市场对人工智能的源头技术创新正起着巨大的推动作用：2019年上海科创板正式开板，2020年深圳创业板由审核制转为注册制。在此背景下，原来中国资本市场大多要看当前业绩，导致很多科研企业不敢对源头技术做更大投入。而今年，以国盾量子、寒武纪为例，在还没有实现规模化收入的时候，上市即得到了资本市场的高度认可，从而可以在长期战略指引下更从容地进行核心技术投入。这种趋势的转变，使得人工智能企业可以按照市场规律，更快地在资本市场上进行融资，进而可以在更长周期内对源头技术的创新和产业化发展进行布局。

当前，中美之间的战略竞争不断加剧，科技方面表现尤为突出。2019年10月8日，美国商务部将包含科大讯飞、商汤科技、旷视科技、海康威视、大华科技在内的8家企业列入"实体清单"；2020年5月15日，美国商务部全面升级对华为的限制，国外公司只要用美国技术、软

件、设备等给华为生产芯片将受到管制，都需先得到美国批准；2020年5月22日，美国商务部又把33家位于中国和开曼群岛的企业及机构，列入"实体清单"。在此时代背景之下，将倒逼人工智能技术必须从源头技术上做深做强。

后疫情时代，中国社会有更丰富的数据和应用场景，中国政府和企业有更强大的应用数据的能力，资本市场更关注和包容长期技术投入，国际形势倒逼源头技术创新。多方合力，中国人工智能产业将迎来跨越式发展，《新一代人工智能发展规划》提出的我国新一代人工智能发展"三步走"战略目标必将实现：

第一步——到2020年人工智能总体技术和应用与世界先进水平同步，人工智能产业成为新的重要经济增长点，人工智能技术应用成为改善民生的新途径，有力支撑进入创新型国家行列和实现全面建成小康社会的奋斗目标；

第二步——到2025年人工智能基础理论实现重大突破，部分技术与应用达到世界领先水平，人工智能成为带动我国产业升级和经济转型的主要动力，智能社会建设取得积极进展；

第三步——到2030年人工智能理论、技术与应用总体达到世界领先水平，成为世界主要人工智能创新中心，智能经济、智能社会取得明显成效，为跻身创新型国家前列和经济强国奠定重要基础。

人工智能一定会因解决社会刚需而被载入史册，中国的人工智能产业也将迎来黄金新十年。

周 涛

电子科技大学大数据研究中心主任

第九讲

大数据创新实践与生态建设

目前我们正处在一个"一切都被记录，一切都被数字化"的"大数据时代"。大数据成为热点，其中既有科技引领的机会，又有过度炒作的风险。本文拟从以下五方面介绍我们在大数据领域的一些思考与实践。

一、大数据的基本概念和发展趋势

大数据本身是一个比较宽泛和抽象的概念，单从字面看，它仅表示数据规模大。要给这个概念进行精确定义非常困难，且对我们理解大数据并无实质帮助。就好像没有人能说出让所有人都信服的关于"复杂性"的定义，但这不影响复杂性科学的发展。麦肯锡曾给出过一个大数据的定义 [①]：大数据指的是大小超出常规的数据库工具获取、存储、管理和分析能力的数据集。但它又同时强调，并不是说一定要超过特定规模的数据集才能算是大数据。与麦肯锡更多关注数据规模不同，维克托·迈尔-舍恩伯格强调大数据赋予的新能力，并基于此给出了一个新的定义 [②]：大数据代表的是当今社会所独有的一种新型的能力——以一种前所未有的方式，通过对海量数据进行分析，获得有巨大价值的产品和服务，或深刻的洞见。我们从大数据的结果出发，也给出了一个定义 [③]：大数据是基于多源异构、跨域关联的海量数据分析所产生的决策流程、商业模式、科学范式、生活方式和观念形态上的颠覆性变化的总和。结合上述三个定义，应该能够初步描摹出大数据的特征。

① J. Manyika, et al., Big data: The next frontier for innovation, competition and productivity, Report from Makinsey Global Institute, 2011.

② 维克托·迈尔-舍恩伯格：《大数据时代：生活、工作与思维的大变革》，浙江人民出版社 2012 年版。

③ 周涛：《为数据而生：大数据创新实践》，北京联合出版公司 2016 年版。

在大数据发展的早期，IBM 将大数据的特征总结为"4 个 V"，也就是规模性（Volume）、高速性（Velocity）、多样性（Variety）和价值性（Value）。规模性是指现在需要处理的数据量，往往已经不是几 MB、几 GB 或是几 TB，而是以 PB（1024TB）、EB（1024PB）甚至 ZB（1024EB）为计量单位。高速性是指数据产生的速度很快，要求数据处理的响应速度也很高，往往需要实时分析而非以离线的、批量的形式分析。多样性是指数据来源渠道多，数据结构丰富，其中绝大部分都是非结构化的数据，包括文字、语音、图像、视频、网络等，这些数据无法简单归为表格或者用关系型数据库处理。价值性包含三方面的含义：一是数据中蕴藏着巨大的价值；二是因为数据量很大，所以数据的价值密度很低；三是因为数据结构很复杂，挖掘数据中的价值难度很大。

近 10 年来，数据自身数量和形态的迅猛变化驱动了大数据产业的发展，其主要趋势体现在三方面。

第一，数据总量呈指数级爆炸式增长。现在我们每天产生的数据量大约为 5×10^{18} 字节，比唐、宋、元、明、清 5 个朝代时间内全世界产生的数据总量还多，现在一年产生的数据量约为 2010 年以前整个人类文明产生的数据量总和。这些数据主要来自互联网数据、个人的行为和生理数据、传感器和其他探测装置采集的自然数据、大型科学研究生成的巨量数据等。2018 年全球数据总存储量约为 20ZB（2000 万 PB）。据互联网数据中心（IDC）预测，2020 年全球将有 300 亿个具有互联互通功能的智能终端，这些设备自身以及设备之间通信所产生的数据将成为新增数据的主体。Intel 预测 2020 年全球数据总存储量将达到 44ZB，2025 年到 2026 年间，全球数据总存储量将超过 200ZB。面对如此巨量的数据，大数据时代的第一个挑战，就是如何解决信息过载的问题，也就是如何帮助用户在信息汪洋中找到自己需要或者喜欢的内容。搜索、推荐、广告等技术在电子商务和个性化教育等方面的应用，是典型的代表。政府招商工作和银行普惠金融业务也会遇到类似的信息过载问题。

第二，**数据结构发生变化，非结构化数据成为数据主体**。以前绝大部分的数据都是以表格的形态存在的，我们称之为结构化数据。例如，一个学生的学籍学业表格中，就有他的姓名、性别、年龄、籍贯、民族、毕业院校、父母职业、高考成绩、大学历次考试成绩、毕业去向等。利用一些标准化的统计分析工具，我们很容易就可以得到数据之间的关联，挖掘出家庭背景对学业发展的影响、性别差异对就业的影响等。但是现在新增数据的绝大部分（这个比例已经超过90%）是非结构化的数据，包括文本、语音、图像、视频、社交关系网络、空间移动轨迹等。这些数据里面蕴含着巨大的价值。例如，在数据环境充分的情况下，仅仅通过一个人智能手机移动轨迹的分析，就能较精确地得到这个人从"生活消费水平"到"违法犯罪可能性"等方方面面的信息。但和结构化的数据不一样，我们没有一套标准化的方法去挖掘这些价值，这就带来了大数据时代的第二个挑战：如何挖掘非结构化数据中的价值，甚至把它转化为结构化的数据。

第三，**数据组织发生变化，多源数据被打通**。以前针对同一个对象不同侧面的数据分散在多处，形成一个个数据孤岛。以个人数据为例，阿里巴巴记录了我们的购物行为，新浪微博知道我们的朋友关系和言论，医保部门了解我们的就医情况，公安局有我们的犯罪记录——但这些数据之间是不连通的。最近，通过一些政策、资本、产品和技术手段，针对个人、家庭、企业、产品等的多源数据正在被打通。例如，"信用中国"项目正在尝试打通个人和企业在数十个部委办的数据记录，阿里巴巴从

2015 年起开始利用新浪微博的数据提高淘宝广告推送的准确度，等等。针对同一对象不同数据的跨域关联，有巨大的社会经济价值，例如，金融机构可以获得更完整的征信记录、税务部门可以全面了解个人和企业的涉税信息、民政部门可以开展更精准的扶贫行动、公安部门可以实时掌握流动人口及涉毒涉赌人员全面的信息、商业机构能够投送点击率更高的广告，等等。与此同时，数据的跨域关联带来了隐私和安全方面的挑战，因为分析人员更容易通过多源立体的数据反向挖掘出个人和家庭隐私信息，而关联数据出现的安全问题带来的毁坏会远远大于单一数据集。大数据时代的第三个挑战，就是如何在隐私安全可控的前提下充分应用跨域关联的数据，形成 1+1 > 2 的效果。

二、大数据的重要价值

数据的采集、存储和分析能力，是创新型政府的核心战略能力，对政府治理、产业发展、科技创新等都有重大价值，具体表现在以下六方面。

第一，大数据可以帮助政府维护社会的安全和稳定。通过网络、通信、遥感等多渠道的数据分析，可以实时、精准地感知国内外态势，对一些重大事件提前进行预警。在隐私可控的前提下，通过对可能带来重大安全隐患的若干重点人群的行为进行分析，提前发现异常，防患于未然。与此同时，需要注意的是，数据安全意识的缺失和数据安全管理的松懈，也可能给国家安全带来重大隐患。

第二，大数据可以提升政府的治理和决策能力。通过数据资源目录和数据标准的建设，以及跨部门数据的打通融合，可以大幅度提高政府的社会服务和社会治理能力，既包括提升民众办理政务手续的用户体验，也包括提高交通管理、土地规划、科技计划、税务管理、人才建设、公共治安、应急管理、纪检反腐、安全生产、扶贫脱贫等多方面的效率。与此同时，数据的统计分析，可以帮助主要决策机构和决策人，准确了解政府在教育、医疗、产业、人才等方面的资源配置现状和发展态势，并对牵涉个人利益的重大政策调整所带来的直接结果进行定量化政策仿真。在决策完成后，数据分析可以帮助政府实时掌握决策的社会影响，包括各种正面和负面的重大舆情。

第三，大数据可以挖掘传统行业内禀的创造力。大数据已经在一些数据密集型的行业如金融和电子商务中，发挥了巨大作用。事实上，针对一些尚处于信息化初级阶段的行业，大数据有望发挥更大的提升作用。例如，可以通过具有近场通信能力的工卡，记录产业工人的工作情况；通过具有短程通信能力的传感器，采集生产设备的温度、压力、转速、振动强度、电流强度等信息；进一步通过数据综合分析，优化生产流程，提高产业工人平均生产效率，提升产品良率、监控大型制造设备的运行情况，实现故障的提前预警等。这些措施可以提高制造业的生产效率，降低事故风险。类似的技术手段还可以应用在农业生产等传统行业中。

第四，大数据可以催生全新的商业模式。除了和传统行业的深度结合外，大数据还可以催生以数据共享和交易为核心的新商业模式。尽管大部分通过公共渠道获得的数据资源存在数据陈旧、数据噪声大、数据非标准化等缺陷，而高质量的政务数据又不能直接售卖，但是，通过数据的增值加工形成的数据产品，是具有商品价值的。随着数据市场的逐步成熟，数据供需双方信息会进一步透明化，数据的定价会变成逐步成熟的市场行为。当数据被赋予价格甚至资本化后，数据的商品价值和金融价值将非常可观，数据交易本身会成为一种具有巨大经济价值的新商业模式，并且通过数据的流通从整体上促进科技和产业的创新。

第五，大数据可以改善人民生活水平。随着数据深度、广度、真实性和实时性的持续提升，政府和市场化机构可以更好地配置有限资源，为民众提供匹配度更高的服务，从而在交通、医疗和教育等最受关注的民生领域，显著提升人民的获得感。例如，杭州城市大脑通过接入所有公共停车位并进行智能导航，以及对交通信号灯实行实时优化控制，大幅度缓解了民众出行的拥堵程度。又如基于个人基因测序数据和蛋白质组学数据的个性化医疗已经被应用于多种重大疾病的诊疗并显著提高愈后效果，一些发达国家和地区已经开始有计划地采集个人的医疗数据以期提升医疗服务能力，如英国国家卫生服务局预计 2020—2025 年英国全基因检测人数将从 10 万人增加到 500 万人[1]。再如利用线上教育平台和个性化内容匹配与推荐技术，可以把教育先进地区优质的教育内容精准发送给相对落后地区的孩子，实现千人千面的万人课堂[2]，提高教育均衡化水平。

第六，大数据可以推动科技创新。整个科学技术领域都在向着数据密集和计算密集的方向发展，实际上，大型科学仪器——如粒子对撞机和射电望远镜——所产生的数据量是惊人的。大型强子对撞机（LHC）在 2015 年每秒产生的数据量超过 1GB，年产生数据量约为 30PB，2020 年预期将产生超过 100PB 的数据，最终将达到每年产生 400PB 数据。大量激动人心的物理学和生命科学的发现都是基于巨量数据和计算

---

① 安永 2019 年报告 Realising the Value of Health Care Data: A Framework for the Future。

② 罗清红：《大数据时代的万人课堂》，人民日报出版社 2017 年版。

的，以前那种依靠纸笔就能做出的重大发现越来越少了。甚至在社会科学、管理科学、心理科学等传统上主要使用定性和半定量研究方法的学科，数据驱动的研究占比也越来越多[①]。垂直方向[②]和综合性[③]的科学数据中心在科学研究中起到了创新引擎的作用。

三、大数据创新实践案例

本节介绍6个大数据创新实践的具体案例，希望读者能够通过这些典型案例，具象把握大数据创新的理念、方法和效果。考虑到本书主题，案例选择上围绕政府智慧监管和现代化治理等主要工作，尤其突出这些工作中老百姓关注的内容，包括金融监管、食品安全保障、医保控费、环境保护、应急救援和司法公正性问题。

第一，金融监管中的大数据创新。2014年年底，我们开始和北京金融办与北京市公安局合作打击非法集资。2015年3月起，我们采集监控了北京市8000多家融资平台的数据，并每周向金融办、公安局及相关机构上报风险最高的20家企业名录。利用自动化的手段，可以从关联图谱中挖掘出典型的金融风险，例如，虚设假造投资项目后，由几个自然人设立的多家空壳公司之间互相投资，存在交叉持股的自融风险；通过离岸公司进行跨境洗钱的高危结构，等等。我们在e租宝核心关联企业中，发现了注册在中国香港、澳大利亚等地区和国家的5家疑似进行跨

---

① J. Gao, Y.-C. Zhang, T. Zhou: "Computational Socioeconomics", Physics Reports, 2019 (817): 1—104.

② 如国家基因组科学数据中心, bigd.big.ac.cn.

③ 如极客数据, www.geeksdata.cn.

境洗钱离岸公司。2015年，e租宝核心关联企业在三大招聘网站总招聘4399人次，其中博士0人次、硕士42人次、本科1130人次、本科以下3227人次，低教育程度人员占比达到73.4%，完全不符合基金管理公司正常的人才结构。尽管安徽珏诚集团和北京金易融网络科技有限公司都斥巨资为自己营造了良好的社会形象，它们在经营其产品e租宝过程中所形成的大量行为数据，却泄露了它们作为非法集资企业的蛛丝马迹。大数据分析报告为打击非法集资做出了重要贡献。事实上，我们已经通过公开的渠道，采集了上亿法人主体的关联关系、知识产权、人力资源、法律诉讼、资产质押、招标投标等数据，为企业进行了全面深入的画像，并可以基于此提供企业的征信和评级服务。发挥科技型企业的创新引领作用，对我国新形势下经济的持续健康发展至关重要。但科技型企业往往资产规模小，缺乏传统质押融资的渠道。基于企业真实行为的大数据征信和评级服务，可以助推我国信用体系的建设，降低优质的轻资产企业融资的成本，从而提升资本的配置效率。通过进一步引入政府的税收、公积金、社保和能源使用等数据，还可以提高对企业经营情况判断的准确度，降低银行贷款的风险。这些大数据手段，也可以帮助政府进行精准招商、产业园区管理和科技项目管理。

第二，食品安全保障中的大数据创新。2017年年初，我们开始和成都市市场监管局、成都市食品药品检验研究院合作开展食品安全监管。我们汇聚成都市约30万家食品企业相关数据，实时向成都市局及22个区（市）县局预警风险高的食品品类及食品生产经营主体。以食品品类为例，通过对1000多万条的检验检测数据及食品溯源数据分析，我们可以得到具有相似成分的食品的风险传导性以及不合格品类与其生产经营企业的上下游关系图谱。以食品生产经营主体为例，我们建立了针对生产、经营不同环节的风险识别模型，可以挖掘出不同环节的典型风险，其中市场准入类的风险包括证照未公示、证照过期、证照模糊、一证多用、一址多用、疑似假证等；生产经营类风险包括生产经营环境违规、原料不合格、生产加工过程违规、异常经营、超范围经营等；监管类风险包括多次行政处罚和多次投诉举报等。系统运行以来，成都市食品监督性抽检问题发现率从 2.4% 提升至 11%，网络餐饮违规率从 82.5% 降至 5.3%，应急处置响应从 24 小时缩短至分钟级，服务人群超 1 亿。目前我们已构建了食品安全核心数据库 19 个，数据模型 12000 余个，实现 200 多个食品安全网站 7×24 小时不间断采集能力，监测生产经营主体超 30 万家，融合国家相关标准 1100 余项，实现 33 大类食品、2000 余个检测项目、6000 余家食品企业的可视化关联分析及风险动态评级。总体来说，我们通过先进的数据治理技术，突破了跨层级、跨部门、跨区域食品安全数据分散化、多源异构化情况下的采集融合技术瓶颈，构建了全要素数据融合模型，按品种、地域、环节等维度关联融合注册许可、生产经营、抽样检测、监管处置等数据，打造出"跨域关联 + 场景分析 + 多元共治"的食品安全智慧化科学监管体系，实现了食品安全风险的智能感知、筛查、分级、预警和防控，正在推动食品监管从"人管秩序"向"数管秩序"转变。

第三，医保控费中的大数据创新。我国大处方、药物滥用、违规套取医保基金等问题长期存在，医疗费用支出高速增长对医保尤其是新农合基金运行造成了压力。我们致力于用大数据解决医保智能控费监管决策问题，目前已经建设形成了拥有 500 多万条规则的循证医学规则库，能够就处方的适应症限制、性别限制、重复用药、药物配伍禁忌等不合理、不合规的问题进行毫秒级别的审核。进一步地，结合诊疗方案分析、用药效果分析、疾病分组分析、政策效果评估、医疗费用增长合理性分析等，我们形成了一套全面的、科学的、立体的控费解决方案，能够发现医院科室在特定病种诊疗、特定药物使用方面的异常。利用已经发现的违规和骗保记录，以及诊疗行为的异常性，通过机器学习模型，我们为医生和患者参与医保欺诈的危险性打分，并建立了大规模的医生患者二部分图。一个患者，即便他的就诊记录能够通过循证医学规则库的筛查，但如果他多次到一个或多个高危医生处就诊，他的危险性得分也会提高；反过来讲，一个医生，如果经常给多个有骗保记录的患者诊疗，尽管他的诊疗方案之前没有被甄别为骗保，我们也会增加他的危险分。通过迭代寻优的办法①，我们能够让这个海量二部分图所对应的危险分矢量快速收敛，成为识别医保违规和欺诈的一个重要特征量。我们在全国累计分析了 1.2 亿新农合参保人，其中仅四川省自贡市、南充市等 4 个地级市就覆盖了超过 1000 万新农合参保人，处理了数亿条就诊记录，新发现了包括就医行为异常、单次就诊异常、诊疗方案异常在内的 10 余种医保欺诈行为。我们发现的违规欺诈涉及金额占总就诊费用的比例达到了 3%—6%。

　　第四，环境保护中的大数据创新。2018 年，我们与成都市生态环境局合作开展涉污企业管理分析相关工作。我们从底层数据整合与治理入手，将内部数据和外部数据有机结合，形成互补：内部方面，我们整合了 100 余个生态环境业务系统及台账，从中提取了涉污企业共计 9 万多家，再基于此利用机器学习算法自动提取涉污企业相关特征，并从成都

---

① J. Ren, T. Zhou, Y.-C. Zhang: "Information Filtering Via Self-consistent Refinement", *EPL*, *2008*（*82*）: 58007.

现有工商底数 324 万多家企业中，自动筛选得到共计 18 万家涉污企业清单；外部方面，我们利用爬虫技术与污染源识别算法，对上百万条高德地图位置信息、数百万企业招聘信息等互联网外部数据进行解析，从中筛选出 15 万家污染源作为补充和对照。内外部数据的融合以及部分政务数据的开放接口调用（企业税收、用电量和用水量等），可以帮助我们精准发现违法违规线索，例如，成都某油料公司所属行业为生态保护和环境治理业，并非涉污行业，但我们通过固废关系网络发现其收集了 37 家涉污企业所转移的危险废物共 28 吨，涉嫌超经营范围和违规处理危废品。又如四川某针织公司夜间用电量显著高于白天且涉及多次居民投诉，但其监测设备数据昼夜正常，涉嫌异常排污。为了定量刻画环境和经济协调发展的状况，从 2019 年起，我们构建了环境经济指数这一基于大数据的综合评价工具，科学融合环境和经济两大领域监测指标，从环保投入、环境质量、经济社会发展三大方向入手，将环保投入作为过程变量，形成以环境、经济两者的综合发展程度与协调程度为核心的综合评价逻辑。环境经济指数依托于大数据优势，可实现月度更新，并可根据指标体系层层分解细化。指数得分为环境经济协调发展的动态评估，通过纵向追踪、横向对比的分析方法，能对诸多特殊变化趋势及横向发展进行定位、分析与溯源，为区域环境经济发展态势的感知提供客观数据支撑。与传统基于问卷调查或者统计上报数据的指数不同，我们采用大数据和人工智能技术获取更精确的数值，例如，我们通过自然语言处理算法和卷积神经网络算法从 700 多万条专利信息中识别环境保护相关专利，从 1.5 亿条工商注册信息中过滤出环保类企业主体，这些方法使得我们统计分析覆盖面更广，数据的真实性和实时性更强。

第五，应急灾害救援中的大数据创新。卫星遥感及无人机可以提供应急灾害救援场景的图像和视频，实现灾害发展态势的精确感知，提升应急指挥的决策水平。2020年3月28日，四川凉山木里县发生森林火灾，相关部门紧急投入森林消防、属地专业扑火队、应急民兵等多支力量，直升机空中洒水辅助灭火。2020年3月30日，我们联合四川省减灾中心等单位，通过获取哨兵二号卫星火灾前后的卫星遥感数据，快速生成凉山州木里藏族自治县火灾前后对比图，通过不同时相的遥感影像智能分析，判定火场周长约22.73公里，过火面积约10.22平方公里。结合专家经验及智能算法，分析出火势蔓延趋势并估计若干专业风险指数，为四川省应急管理有关部门火场应急救援指挥提供重要的决策支撑。2019年6月17日22时55分，在四川宜宾市长宁县发生6.0级地震，震源深度16公里。灾害发生后，我们通过获取6月20日长宁县双河镇（约1.5平方公里）震后的无人机飞行监测数据，通过航空摄影测量、计算机视觉、机器学习等技术，快速生成了现场指挥决策一张图，实现了态势感知全域化、数据处理实时化及灾情决策智能化。首先，应用高速数据链路将无人机航拍数据实时回传，通过机器学习算法实现图像无损合成和拼接，几乎是"边飞边出图"，并且提供地图标注、面积测量等自动化工具，帮助现场人员实时感知灾害发生地全域信息，支撑即时决策。其次，利用深度学习算法，我们可以快速识别震区倒塌房屋、道路、救援车辆、帐篷等灾情要素，实时可视地进行数量统计，极大地提升了对现场灾情的解译效率，对于争分夺秒的应急指挥来说，真正实现了"目之所及、图之所至"的效果。最后，融合气象、地质等环境因素数据后，可辅助专家进行快速、科学的综合指挥调度，为灾情现场的指挥决策提供有效辅助。在实际灾害现场，通过5G技术，可以将救灾画面实时传回城市应急指挥中心，尤其是在地震、泥石流等灾害发生且造成交通阻断的情况下，能实现不临现场的有效指挥。运营商的手机信令数据还可以用于掌握灾害现场及周边辐射区域人口分布及密度情况，从而快速指导救援资源的合理分配。[①]

第六，司法审判领域的大数据创新。长期以来，类案裁判尺度不统一的问题一直困扰着我国法院系统，已成为司法改革中的疑难和重点问题。类案裁判尺度不统一，通俗的说法就是"同案不同判"，表现为由于司法审判水平差异甚至因为请托和关系，造成不同地方法院对于审判要素非常接近的案子给出了差异很大的判决。这不仅对我国司法公正造成伤害，也是民众严重负面情绪的诱因之一。从实践角度看单纯依靠规范的出台很难有效和全面地实现类案同判，也无法将司法实践中积累的经验和知识有效地进行总结和传递。我们汇聚和分析了 5000 多万份公开的裁判文书，利用自然语言处理和知识图谱技术，挖掘决定审判结果的审判要素，并综合运用法条检索、案情事实检索、争议焦点检索等方法，向法院办案人员和法学院的学生提供类案检索。我们还能够根据案件的相似性和权威性，自动对所有类案进行推荐排序，帮助办案人员查阅案件内容相似的优秀判决书。如果办案人员给出预计的审判结果，我们能够根据该结果和类似案件审判结果的偏离程度，自动进行预警——如果和类案中优秀判决书的加权平均结果相差太大，就会触发预警。类案精准推荐系统可以有效解决民商事领域类案不同判的问题。例如，司法实践中对于夫妻"忠诚协议"中财产条款的效力认定问题，一种观点认为是夫妻双方真实的意思表示，未违反合同法关于合同生效的规定，应该

---

① 尤伟杰，高见，周涛：探索运营商数据在精准扶贫和应急救灾中的应用，《电子科技大学学报》（社会科学版），2018 年第 6 期，第 83—88 页。

有效；另一种观点认为忠诚协议仅仅是道德层面的，不属于合同法调整的范围，所以应该无效。类案精准推荐系统将争议焦点放置于具体场景中，为法官判案提供多种参考和选择。另一方面，对于涉及同一个当事人的关联案件，例如，职业放贷人、职业打假人、失信被执行人等的关联案件，在数据共享的基础上，可以实时地为办案人员进行预警，降低办案风险。对于批量案件，即使承办人员不一样，也可保证裁判标准的统一。类案精准推荐系统于 2018 年开始在四川省 212 家法院使用，2019 年 6 月 30 日至 2020 年 6 月 30 日，累计使用 60 余万次，服务了超过 6 万名法律专业人士。

四、大数据相关政策解读

2015 年 8 月 31 日，国务院印发《促进大数据发展行动纲要》(以下简称《纲要》)，明确了大数据发展的 3 项主要任务：(1) 加快政府数据开放共享，推动资源整合，提升治理能力；(2) 推动产业创新发展，培育新兴业态，助力经济转型；(3) 强化安全保障，提高管理水平，促进健康发展。为贯彻落实《纲要》，加快实施国家大数据战略，推动大数据产业健康快速发展，2016 年年底，工业与信息化部印发了《大数据产业发展规划 (2016—2020 年)》(以下简称《规划》)。《规划》提出了大数据产业发展的 20 字发展原则：创新驱动、应用引领、开放共享、统筹协调、安全规范。《规划》提出了到 2020 年大数据产业发展的 5 点具体目标：(1) 技术产品先进可控；(2) 应用能力显著增强；(3) 生态体系繁荣发展；(4) 支撑能力不断增强；(5) 数据安全保障有力。围绕具体目标，《规划》提出了若干重点任务和重大工程。各地政府以此为指导，相继出台了地方的大数据产业发展规划。由于这些政策出台时间较早，已经有一些解读文章，且政策具体明晰易于理解，本文限于篇幅，不再赘述。下面我们就 4 个可能对大数据产业发展有重大影响的政策和法规进行简要的介绍和解读。

首先，谈谈两个对大数据产业发展利好的政策。第一个严格意义上讲还没有形成可操作的实施方案，但已经在进行一些试点工作，就是《2020 年国务院政府工作报告》提出的对于新型基础设施建设（新基建）的重点支持。新基建主要包括 5G 基站、特高压、城际高速铁路和城市轨道交通、新能源汽车充电桩、大数据中心、人工智能、工业互联网七大领域，是以新发展理念为引领，以技术创新为驱动，以信息网络为基础，面向高质量发展需要，提供数字转型、智能升级、融合创新等服务的基础设施体系。该政策对大数据产业发展非常利好，不仅明确把数据中心以及存储和计算硬件设备纳入新基建的七大领域之一，而且 5G、人工智能和工业互联网在真实应用场景中发挥作用，也都需要依赖大数据。这也是第一次可以以大数据应用平台、人工智能应用平台、工业互联网系统等名义将软件建设纳入基础设施范畴。与此同时，政府需要特别警惕的是为了建数据中心，甚至仅仅为了申报新基建项目，而建设数据中心。客观地讲，目前传统数据中心使用率较低，存在不少"建好即闲置"的中心，政府要审慎决策，全方位评估数据中心的现实需求，如果现实需求不充分但未来或有大幅度增长，可以考虑分阶段建设，以节省成本。对于在建和拟建设的数据中心，要把基础设施使用率作为一个重要考核指标放入项目目标中。中国通信标准化协会绿色网格标准推进委员会2019 年 6 月 25 日发布了《基础设施使用效率（IUE）白皮书》，建议用电量供应、电量分配、制冷量、冷却流量、机架 U 位数量来评估数据中心的资源使用率是否充分。该白皮书可作为政府评估数据中心的重要参考。第二个重大的利好政策，就是2020年4月9日，中共中央、国务院联合印发的《关于构建更加完善的要素市场化配置体制机制的意见》，首次将数据认定为新型生产要素，并明确了要加快培育数据要素市场，推进政府数据开放共享，提升社会数据资源价值，强调了要健全要素市场化交易平台，引导培育大数据交易市场，支持各类所有制企业参与要素交易平台建设。从产业需求来看，各领域对数据的需求增长迅猛。科学研究方面，人工智能、生物科技、智能装备等领域的研究需要大量的科研数据，以支撑对关键算法和核心技术的探索和实现；社会治理方面，智慧城市、智慧治理需要大量的社会数据与政务数据相结合，形成和提炼更为科学有效的监管模式；产业创新方面，不管是工业、农业、传统服务业还是新兴的互联网，各领域都需要在大数据基础上实现模式创新，以BAT等互联网公司为例，每年在数据清洗、标注等数据加工服务方面的支出超出上亿元。此外，从黑市交易也可看出数据需求的旺盛，据不完全统计，国内每年个人信息泄露数超50亿条，平均每人就有3条相关信息被交易。从供给来看，全国各地已经陆续开展大数据交易市场的探索和落地，主要划分为政府主导型、社会通用型、细分领域型3类。政府主导型，是指依托国资平台，经由国家或地方政府批准设立的交易平台，如贵阳大数据交易所、上海数据交易中心等；社会通用型，是指由民营资本主导，各类数据均可进行交易的平台，如聚合数据、优易数据等；细分领域型，是指由民营资本主导，聚焦于特定类型数据的交易平台，典型代表是提供人工智能标注数据的数据堂，提供企业信息综合查询的天眼查等。在政策鼓励、社会需求的双重驱动下，市场有明显的数据交易冲动，但是从供给看，政府主导型平台举步维艰；社会通用型和细分领域型平台存在局部优势，但是远远满足不了科学研究、社会治理、全产业覆盖等多样化需求，迫切需要找到一种更为有效的数据要素市场的建设模式。建议可以结合上述 3 类平台优势，建设以技术为牵引，以运营为核心，并能持续提供流量保障的大数据开放与交易平台。政府应在政务数据开放方面给予支持。

其次，简要谈谈两个给大数据产业踩刹车、做减法的法规。一是2017 年 6 月 1 日正式实施的《中华人民共和国网络安全法》（以下简称《网络安全法》），该法律主要关注互联网全网体系和设施的安全，但是对于数据的境外存储以及个人信息的采集和使用也做出了明确规定。《网络安全法》实施 3 年来，已经有一批大数据企业和从业人员因为非法采集和买卖个人隐私数据受到民事和刑事处罚。二是《中华人民共和国数据安全法》（以下简称《数据安全法》），该法律的草案已于 2020 年 6 月 28日通过了第十三届全国人大常委会第二十次会议审议，现在全国范围公开征求意见中。与《网络安全法》不同，《数据安全法》将数据定义为"任何以电子或者非电子形式对信息的记录"，并不限于互联网和电子形式，范围更加广泛，且其关注的重点是数据本身的安全，要求对数据进行分级分类的保护，建立包括数据安全风险评估、数据安全应急处置机制、数据安全审查制度在内的数据安全制度体系。预计《数据安全法》正式出台后，将成为大数据产业发展关联最紧密的法律。需要特别注意的是，《数据安全法》明确了地方政府的主体责任，指出："各地区、各部门对本地区、本部门工作中产生、汇总、加工的数据及数据安全负主体责任"。因此，政府工作人员应该特别关注和学习《数据安全法》。近期还会审议通过《个人信息保护法》，侧重对个人信息、隐私等涉及公民自身安全的保护。那么，颁布和实施这三部法律，是否意味着要限制大数据产业甚至数字经济产业的发展？其实不然，踩刹车、做减法的目的是避免少量企业和机构为牟取暴利，恶性发展，最终破坏产业生态，形成"劣币驱逐良币"的状态。事实上，《数据安全法》的目标是为数据作为生产要素能够顺畅加速流通，提供底线规范，维持产业发展和安全保障之间的平衡。《数据安全法》文本上有大量鼓励性表达，并不追求绝对安全和封闭发展[①]。因此，政府相关工作人员既要以法为纲，慎重开展工作，又不能在法律没有限制的方面增设限制，矫枉过正，限制产业发展。

五、大数据产业生态建设

下面从政府的工作内容出发，重点就如何建设有利于大数据产业蓬勃发展的生态系统，谈6点建议。

第一，建设充分支撑大数据产业发展的新型基础设施群。除传统经济所需要的要素资源和基础设施外，大数据产业发展深度依赖数据的采集、存储、传输和计算，需要加大力度以国际先进标准建设支撑大数据产业发展的新型基础设施群。首先要建设一批先进的绿色数据中心和高效的存储计算体系。面向计算密集型的重大科研和产业需求，要建设高性能计算中心，除常见的超算架构外，根据需求可以提供图计算、类脑计算、量子计算等能力。其次要建设全域感知的数据采集体系。在现有互联网数据体系之外，要尽力构建统一标准并整合原有感知设备，建设卫星、无人机、地表采集终端一体化的全域感知系统，分权限开放感知

---

① 王静、吴小亮：《如何理解〈数据安全法〉，有哪些需要完善之处？》国家行政学院，智库报告，2020年。

数据。最后要建设高速、异构、泛在的信息通信网络，包括建设大带宽的光纤网络，建立以 5G 技术为核心的新一代无线通信网络，完成 IPv6 架构的互联网基础设施改造，推进卫星互联网建设等，全面提升数据采集和传输的能力。

第二，建立数据要素交易市场，有序开放政务数据，融合各类高价值高可用数据。要抓住贯彻实施《关于构建更加完善的要素市场化配置体制机制的意见》，建立数据要素交易市场，汇聚包括政务数据、互联网数据、物联网数据、科学仪器和科学实验数据、公开科研数据、定向采集和标注数据、行业数据等在内的多源高价值高可用数据，在数据分级管理、隐私安全可控的前提下，实现数据的开放、共享和交易。政务数据是最有价值的数据类型之一，也是政府除土地等实体资源外，可以用来吸引投资、拉动经济、引领创新的重要虚拟资源。政府应全面盘点自身数据资产，整理已有的政务数据资源目录，建设数据标准，从易到难开展跨部门数据的整合。在条件成熟的情况下，可以建设政府数据中台，加快整合和有序开放政务数据。要指向明确地采集和开放一批商业价值较大的互联网数据，鼓励各企事业单位自建本行业的数据流通与共享平台，向愿意纳入统一管理的平台提供运营补贴。要通过数据溯源和数据日志分析的方法，提升各参与方提供的数据质量，通过实际下载和使用记录，量化各参与方所提供数据的贡献度，确保汇集和开放的是高价值、高可用的数据。条件成熟的地方可以建设数据创新特区，采用分权限、分等级的方式向特区内注册的实体有序开放高价值数据，同步匹配高质低价的存储计算资源和分析工具平台。政府相关部门优先应用数据创新特区的数据产品和数据服务，部分加工得到的数据或新开发的数据分析工具也可以作为创新特区共享开放的资源，最终形成全链条的价值和数据反哺机制。

第三，全面提升支撑大数据产业发展的金融能力。大数据产业发展的主力是市场化的企业，其中相当部分以新技术和新模式为驱动，必须投入大量资本开展产品研发和市场培育。因此，金融支撑体系对发展成败起到了关键性的作用，亟须建立全面支撑大数据产业发展的金融体系。首先，要提升股权投资的专业化程度，培养专业化的头部基金。政府应该通过更优惠的条件，包括提高政府产业引导基金出资的比例，降低基金中反投本地的额度要求，政府出资中的部分或者全部可以通过固定利率退出，政府不参与投资决策，降低管理公司税率，返还部分个人所得税等，以吸引一线基金管理团队和政府共同设立大数据方向的专业化股权基金。其次，要用市场化的机制运作国资主导的股权投资基金，实现出资人不参与决策或由委派的有丰富投资经验的人员在程序合规的前提下进行现场独立决策。最后，要通过投贷联动的方式，拓宽大数据企业债权融资的渠道。应鼓励金融机构，对已经获得股权投资且信誉良好的大数据领域创新型企业按照股权投资额度的一定比例匹配债权授信。政府应通过设立风险基金池，在试点阶段降低金融机构直接承担的风险；通过部分贴息，降低大数据企业债权融资的成本。

第四，打造大数据新技术、新模式可落地的应用场景，培养和支持重点行业方向。大数据行业中探索性、引领性的创新性企业，面向的往往是不成熟的市场，供给侧的创新先于需求侧的成熟。场景是新技术的试验场，是新模式和新业态的载体，政府应该从建设新型智慧城市和实体经济转型升级中入手，挖掘、打造和富集大数据落地发展的重要应用场景，定期发布机会清单，通过产品首购、试点示范、优先授予或共同运营牌照和资质等方式鼓励大数据企业参与到场景建设中来。场景打造的重心要放在地方政府拟支持和培养的重点行业方向上，主要包括本地优势产业转型升级的方向和与本地人才储备相匹配的对于大数据整体发展具有普适性价值的方向，如数据标注、数据存储、数据安全、数据交易等。

第五，培养和引进大数据产业发展亟须的梯度人才。大数据产业技术需求跨度极大，既对数据标注和数据运维等基础性工作有持续的巨大需求，又需要能够建设数据中台、搭建区块链底层系统、编写人工智能算法、开发前端探测设备、设计智能硬件和芯片的高级专家。因此，必须建立覆盖基础人才、中端人才、高端人才和领军人才的梯度人才引培计划。首先要继续加大高端人才的引进力度。除技术类人才外，还应设立专项，将一批预期可对地方大数据产业发展做出重要贡献的金融、法务、人力资源管理、运营管理等高端人才纳入人才计划中。其次要持续支持相关的学科建设和学历教育。鼓励地方高校积极申报"数据科学与大数据技术"和"人工智能"学位点。加大资金投入，支持围绕大数据、云计算、人工智能、区块链、5G通信、集成电路等直接和间接相关先进技术的学科建设和学历教育。通过新建、共建和改建等方式，建设一批围绕大数据产业发展需求的职业技术学校。最后要加大力度支持大数据行业的职业培训。建设一批大数据方向的教育培训基地，针对大数据产业发展亟须的岗位，开展系统化的职业教育和职前培训；针对公务员和企业中层、高管，开展大数据产业发展理念和方法的高端培训。

第六，加强大数据产业发展相关的核心理论和关键技术研究。大数据产业是典型的植根于新技术和新模式的新经济形态，在高速发展过程中产生了一系列重大理论问题，既包括对应于传统发展经济学和产业经济学的大数据产业发展理论，又包括政府配置新型生产要素，融合大数据与实体经济的方法路径，还包括如何应对大数据产业发展可能带来的一系列法律和伦理问题。政府应建设专业化的智库并支持专项研究课题，形成支撑大数据产业高速、良性、可持续发展的理论体系。要针对大数据、人工智能、区块链、5G 等直接和间接相关的关键技术，依托领军科学家描绘各方向的技术全景图，展现决定该方向各分支发展速度和潜力的关键性技术以及全球范围内的发展现状和本地的发展情况，进而得到相关方向科技发展的路线图，并在此基础上，重点支持和引进一批国际国内领先的科技创新团队，围绕核心关键技术开展研究。

编辑后记

当前，新一轮科技革命和产业变革正在全面重塑经济社会发展的各个领域，对国家治理、产业发展、社会管理、宏观调控等提出了全新的课题和挑战。十九届中共中央政治局集体学习或会议多次强调，量子科技、数据要素、新基建、5G、工业互联网、区块链、媒体融合、人工智能、大数据等前沿科技是提升新时代社会治理能力及水平的基础力量和重要抓手。

在此背景下，为帮助广大党员领导干部深刻理解和掌握前沿科技的理论框架与发展趋势，紧紧抓住和用好新一轮科技革命和产业变革的机遇，我们约请薛其坤、杨杰、贾康、邬贺铨、徐晓兰、李礼辉、喻国明、刘庆峰、周涛九位相关领域权威专家撰写了《科技前沿：领导干部必修课》一书，分享其精深洞见与前瞻思考。

成书过程中，陈鹏、骆叶成、徐飞、刘耀达、李军、蒋嵘等专家给予了专业支持与把关，在此一并表示诚挚感谢。